南极重点海域对气候变化的响应与影响专项资助

南极洲和南大洋
基础生态环境图集

何剑锋　张　侠　编著

海洋出版社

2023年·北京

图书在版编目 (CIP) 数据

南极洲和南大洋基础生态环境图集 / 何剑锋，张侠编著．— 北京：海洋出版社，2023.6
ISBN 978-7-5210-1130-2

Ⅰ．①南… Ⅱ．①何… ②张… Ⅲ．①南极—生态环境—图集②南大洋—生态环境—图集 Ⅳ．① X321-64

中国国家版本馆 CIP 数据核字 (2023) 第 110013 号

审图号：GS（2022）2589 号

扉页底图引自IBCSO Ⅴ.1

策划编辑：白　燕
责任编辑：程净净
责任印制：安　淼

海洋出版社 出版发行
http://www.oceanpress.com.cn
北京市海淀区大慧寺路 8 号　邮编：100081
鸿博昊天科技有限公司印制
2023 年 6 月第 1 版　2023 年 6 月第 1 次印刷
开本：889mm × 1194mm　1 / 16　印张：7
字数：175 千字　定价：98.00 元
发行部：010-62100090　总编室：010-62100034

前 言

南极包括南极洲和南大洋，面积辽阔，环境特殊，资源丰富。南极是地球系统重要的冷源和全球变化的重要引擎，对于调节全球气候具有重要作用；南极冰盖储存有巨量淡水，冰盖消长与全球海平面关系密切；南大洋是全球底层水的形成地和全球重要碳汇区；南大洋生物多样性和生物资源丰富；南极洲及大陆架同时拥有丰富的矿产和油气资源。

近年来，南极越来越成为各国关注的焦点。主要体现在：①在南极环境快速变化的背景下，“地平线扫描”等一批国际科学研究计划陆续出台；②对南极认知空白区，如冰盖底部和冰架海腔等特殊环境的探索投入不断加大；③建立南极海洋保护区等措施逐步落实，南极治理步伐不断加快；④南极旅游规模屡创新高，局域生态环境受到威胁。

我国对南极的关注也在不断加强。我国于 2015 年新修订发布的《国家安全法》提出了“国家坚持和平探索和利用外层空间、国际海底区域和极地，增强安全进出、科学考察、开发利用的能力”；我国新建的、具有国际先进水平的“雪龙 2”号极地科学考察破冰船于 2019 年 11 月首航南极，2020 年 7 月首航北冰洋；我国正在太平洋扇区罗斯海西海岸建立第 5 个南极科学考察站。

为了能够更为直观地了解南极的基础地理环境、冰盖、海洋、生态和人类活动状况以及区域特征，作者系统地收集和整理了相关基础知识和最新科研成果，以图文并茂的方式编撰了本书，以求对南极洲和南大洋有一个较为宏观的科学认知，为科学决策、科学研究和科学普及提供基础资料。作者希望本书的出版可以为“认识南极、保护南极、利用南极”贡献绵薄之力。

本书得到了“南极重点海域对气候变化的响应与影响”专项的资助。文中涉及的英文缩略词全称、中文地名对应的英文名、生物对应的英文和拉丁名等详见附录。

中国海洋大学史久新教授、中国水产科学研究院东海水产研究所黄洪亮研究员、自然资源部第二海洋研究所张涛研究员、中国极地研究中心崔祥斌研究员、自然资源部第一海洋研究所熊志方研究员等专家为本书提供了宝贵的修改建议，武汉大学庞小平教授提供了地名参考资料，在此深表感谢！

受知识水平的限制，有错误和不当之处，敬请批评指正！

作者于上海

2023 年 1 月 20 日

目 录

1　基础地理环境

1.1 地理范围

根据《南极条约》①和国际水文组织（IHO）的定义，南极由 60°S 以南的南极洲（大陆、冰架及邻近岛屿）和南大洋（近海和大洋）两部分组成②③（IHO，2002）（图 1）。

1.2 南极洲地理

南极洲总面积为 13 924 000 km^2，其中冰盖面积为 12 295 000 km^2，占南极洲总面积的 88.3%；总冰量（含冰盖和冰架④）为 26 920 000 km^3，其中冰盖冰量为 26 540 000 km^3，占总冰量的 98.6%；平均厚度为 1 937 m，其中冰盖平均厚度为 2 126 m；最大冰厚为 4 897 m，位于阿黛利海岸南部的星盘冰下盆地（Fretwell et al., 2013）。南极冰盖高程如图 2 所示。

南极洲出露冰面的最大山脉为横贯南极山脉⑤，其他小型山脉包括西南极洲的埃尔斯沃思山脉和东南极洲的查尔斯王子山脉等，最高峰为位于埃尔斯沃思山脉的文森山地，海拔为 4 892 m。横贯南极山脉把南极洲分割为东南极洲和西南极洲。由于西南极洲的南极半岛地区与大陆部分存在较大的环境差异，科学界通常把南极半岛从西南极洲独立出来进行研究。

东南极洲各个地区沿着海岸由西向东分别为科茨地、毛德皇后地、恩德比地、肯普地、麦克罗伯逊地、伊丽莎白公主地、威廉二世地、玛丽王后地、威尔克斯地（最东部为阿黛利地）、乔治五世地、奥茨地以及维多利亚地⑥（图 1）。东南极洲内陆部分称为南极高原，我国南极昆仑站所在的冰穹 A 地区是南极冰盖海拔最高的地区，最高海拔为 4 093 m。东南极洲主体为东南极冰盖（EAIS）所覆盖。

西南极洲由西向东包括：罗斯冰架、玛丽·伯德地、埃尔斯沃思地、南极半岛南部的帕默地、南极半岛北部的格雷厄姆地、龙尼－菲尔希纳冰架以及南极半岛附近的亚历山大岛等岛屿（图 1）。其主体为西南极冰盖（WAIS）所覆盖，位于南极半岛地区的冰盖被称为南极半岛冰盖（APIS）。冰盖的最高海拔不超过 2 000 m。

远离大陆的岛屿主要包括南极半岛邻近海域的南奥克尼群岛、南设得兰群岛和彼得一世岛，罗斯海邻近海域的巴勒尼群岛和斯科特岛等。

---

① 1959年12月1日由阿根廷、澳大利亚、比利时、智利、法国、日本、新西兰、挪威、南非、苏联、英国和美国12国签订于华盛顿，自1961年6月23日起生效。1983年6月8日，中华人民共和国政府向美国政府交存加入书，并自该日起对我国生效。

② 名词对应英文如下：南极—the Antarctic；南极洲—Antarctica；南大洋—the Southern Ocean。

③ 为了便于分析，本书对南大洋采用了更为宽泛的如《南极海洋生物资源养护公约》的适用范围（见4.2节）。该公约是为了养护南极海洋生物资源，实现资源的可持续利用，维护世界人民的共同权益而形成的一部区域性公约。我国于2006年9月19日加入该公约，自2006年10月19日对中国生效。

④ 冰盖和冰架定义见2.1节和2.2节。

⑤ 从维多利亚地一直延伸到威德尔海，总长3 500 km。

⑥ 英国于2012年把南极大陆20°—80°W其领土主张部分命名为伊丽莎白女王地。

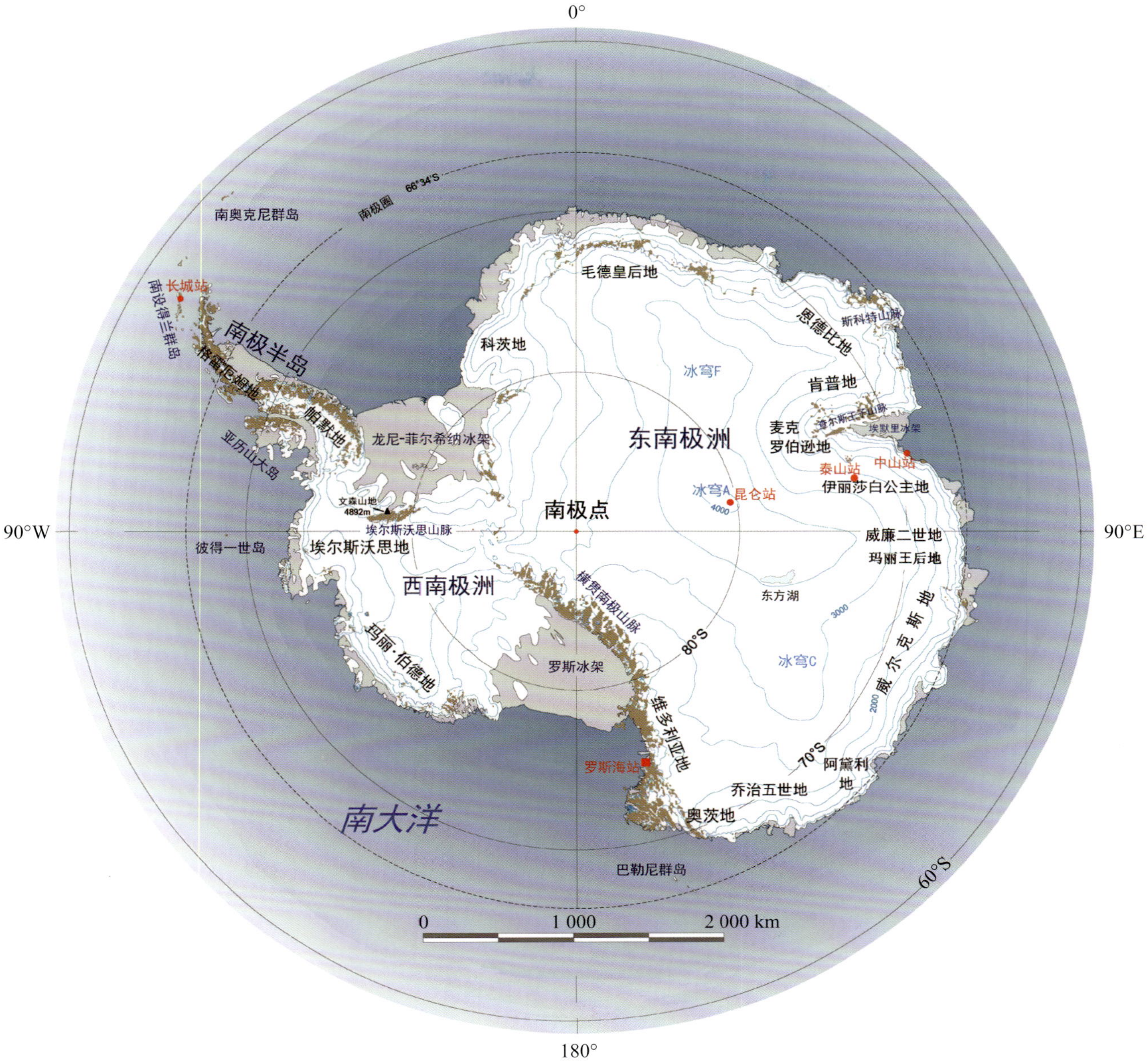

图1　南极洲主要地形图

（底图引自http://www.vidiani.com/maps/maps_of_the_world/large_detailed_map_of_antarctica.jpg）

说　明

1. 红点为我国在南极洲已建的科学考察站位置，红方为我国在建的科学考察站位置。其中，长城站、中山站和在建站为常年站（越冬站），昆仑站和泰山站为度夏站；长城站、中山站、昆仑站和泰山站的落成时间分别为1985年2月20日、1989年2月26日、2009年1月27日和2014年2月8日。

2. 主要区域分界：科茨地（36°00′—20°00′W）、毛德皇后地（20°W—44°38′E）、恩德比地（44°38′—59°34′E）、肯普地（59°34′—65°00′E）、麦克罗伯逊地（65°00′—73°E）、伊丽莎白公主地（73°—87°43′E）、威廉二世地（87°43′—91°54′E）、玛丽王后地（91°54′—100°30′E）、威尔克斯地（100°—142°20′E，其中阿黛利地136°—142°E）、乔治五世地（142°02′—153°45′E）、奥茨地（156°—166°E）、玛丽·伯德地（158°—103°24′W）、埃尔斯沃思地（103°24′—79°45′W）。

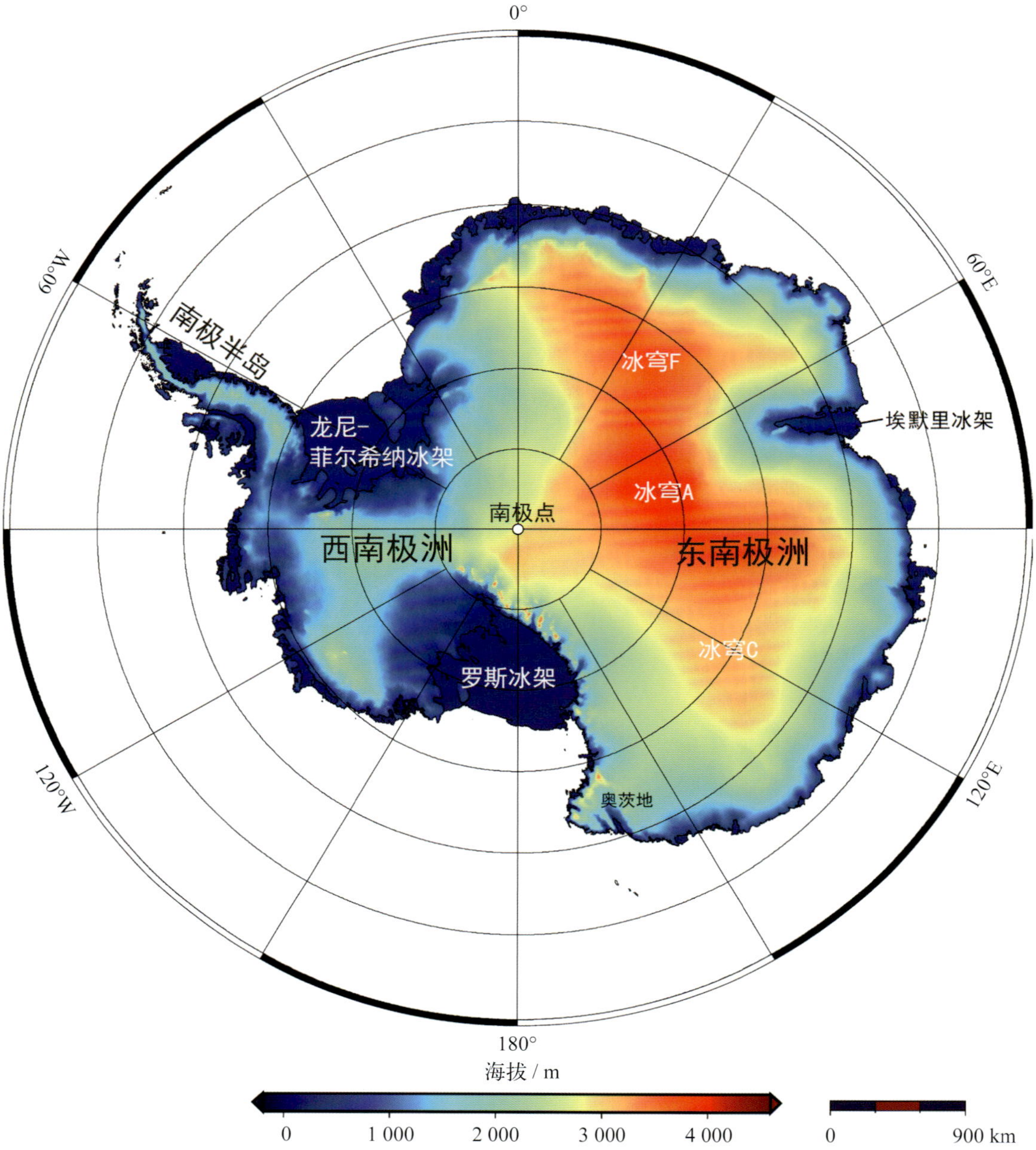

图2　南极冰盖高程图

说　明

1. 南极洲海拔最高处位于西南极洲埃尔斯沃思山脉的文森山地，海拔为4 892 m；南极冰盖最高处位于我国南极昆仑站所在的冰穹A地区，海拔为4 093 km；东南极洲除了沿岸区域外，绝大多数地区的海拔均超过2 000 m，而西南极洲绝大多数地区的海拔则不超过2 000 m。

2. 南极大陆沿岸、南极半岛、奥茨地西部的海拔较低；罗斯冰架、龙尼-菲尔希纳冰架、埃默里等冰架区域的海拔取决于海平面以上的冰架厚度，海拔相对较低。

3. 底图引自https://www.egu.eu/medialibrary/image/1154/antarcticas-elevation-map/，由2×10^8个冰卫星（CryoSat）数据绘制而成。

1.3 南大洋地理

联合国教科文组织（UNESCO）下属的政府间海洋学委员会（IOC）将南大洋定义为从南极大陆到 40°S 或到亚热带锋的连续海域。科学界通常以极地锋（PF）[1]作为南极和亚南极海域的分界，因为极地锋两侧海洋呈现了完全不同的水文特征（Pyne, 1996）。2002 年国际水文组织（IHO）对南大洋重新进行了定义，把太平洋、大西洋和印度洋的南部高纬度海域定义为南大洋，其北界为 60°S[2]（IHO，2002）。南大洋从而成为全球五大洋的第四大洋，面积位列太平洋、大西洋和印度洋之后，北冰洋之前。

60°S 以南的南大洋总面积约为 20 327 000 km^2，最深处位于南桑威奇海沟，水深为 7 235 m（60°S，24°W）[3]。地球上最大的海流——南极绕极流（ACC），由西向东顺时针环南极洲运动，其输运速率可达 $1.0 \times 10^8 \sim 1.5 \times 10^8$ m^3/s（Smith et al., 2013），约为全球河流总流量（约 1.18×10^6 m^3/s）的 100 倍（Dai and Trenberth, 2002）。

根据国际水文组织对南极洲边缘海的定义，东南极洲边缘海由西向东分别为：拉扎列夫海、里瑟－拉森海、宇航员海、合作海、戴维斯海、莫森海、迪蒙迪维尔海和索莫夫海（图 3）；西南极洲边缘海由西向东分别为罗斯海、阿蒙森海、别林斯高晋海、南极半岛海域（包括布兰斯菲尔德海峡以及德雷克海峡和斯科舍海的部分）和威德尔海（IHO，2002）。部分边缘海并没有被命名，如莫森海和迪蒙迪维尔海之间、罗斯海和阿蒙森海之间的海域等。

除罗斯海和威德尔海，南极大陆架通常窄而深。陆架边缘的平均水深为 550 m，而全球陆架边缘的平均水深在 100 m 上下。南大洋深海的典型水深为 4 000 ～ 5 000 m。

---

① 又称南极辐合带（AC），位于48°—61°S，向北流动的南极水在此处与亚南极水交汇而下沉，呈现两侧水文特性完全不同的环南极带状分布。

② 澳大利亚认定其南部岸线至60°S的海域也属于南大洋。

③ 南桑威奇海沟为南北向海沟，其最深处（8 428 m）位于亚南极海域（55°40′S，25°55′W）。

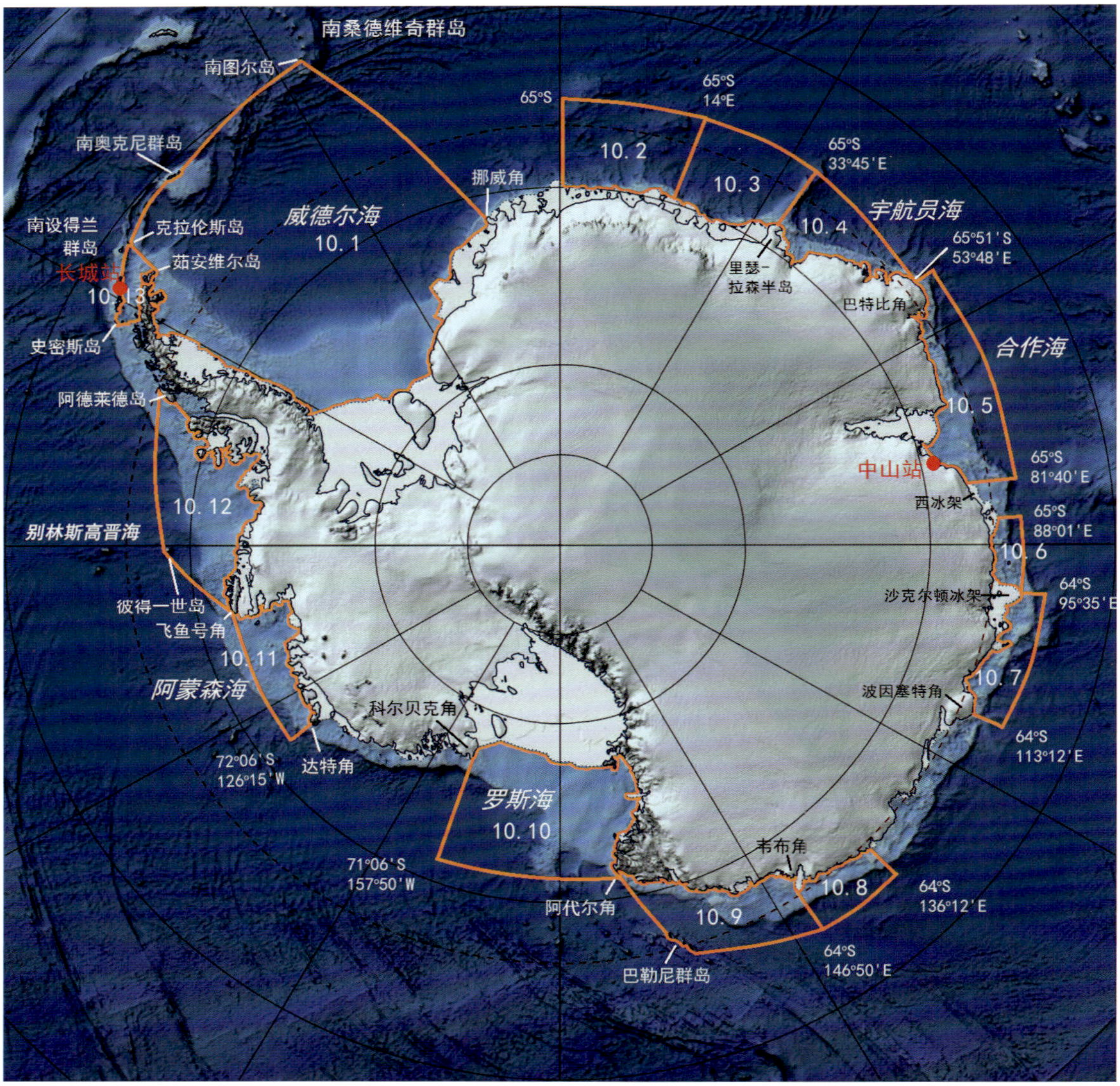

图3 南大洋海区组成

（底图引自https://spi-ace-expedition.ch/antarcticas-fun-and-interesting-facts/）

说 明

1. 橙色框内为国际水文组织（IHO）定义的南极洲边缘海；灰白部分为南极洲（其中，白色部分为冰架），浅蓝部分为水深较浅的大陆架或海上台地，深蓝部分为水深较深的海盆或海底平原。

2. 各数字代表的边缘海分别为，10.1：威德尔海、10.2：拉扎列夫海、10.3：里瑟-拉森海、10.4：宇航员海、10.5：合作海、10.6：戴维斯海、10.7：莫森海、10.8：迪蒙迪维尔海、10.9：索莫夫海、10.10：罗斯海、10.11：阿蒙森海、10.12：别林斯高晋海、10.13：布兰斯菲尔德海峡。

3. 这是IHO对南大洋边缘海的划分方式。由于所有海域均直接面对大洋，实际上不可能严格按该边界进行调查作业，所以北界通常会往北拓展；另外还存在习惯用法，如我们通常把中山站外围调查作业的海域统称为普里兹湾而非合作海。

4. 挪威把其领土主张的南极大陆（20°W—45°E）对应的边缘海命名为哈康七世海（Haakon Ⅶ Sea），但没有得到IHO的认可，在科研论文上有使用。

1.4 南极气温

南极洲气温的区域差异较大。西南极洲气温要高于东南极洲，南极洲沿岸要高于内陆（图 4）。在南极洲沿岸地区，夏季（11 月至翌年 2 月）气温接近 0℃，南极半岛区域略高；冬季（3—10 月）气温通常在 −10 ~ −30℃；年平均气温约 −10℃。在南极洲内陆地区，夏季气温可高于 −20℃，冬季的月平均气温则下降至 −60℃ 以下；而在内陆海拔最高区域，年平均气温可低至 −60℃。

南极记录到的最高气温为 19.8℃，于 1982 年 1 月 30 日由位于南奥克尼群岛西格尼岛上的英国西格尼站所记录；南极大陆记录到的最高气温为 18.3℃，于 2020 年 2 月 6 日由位于南极半岛北端的阿根廷埃斯佩兰萨站所记录[①]。2020 年 2 月曾在南极西摩岛（Seymour）记录到 20.75℃（南极）的高温，因气象站高度不足，未能被国际气象组织所认可。研究表明，2020 年南极极端高温的出现主要受全球增暖的影响（González-Herrero et al.，2022）。

1983 年 7 月 21 日，在南极洲内陆俄罗斯东方站记录到了 −89.2℃ 的全球最低表面气温（Turner et al., 2009）。另外，2004—2016 年卫星资料显示，极夜期间东南极洲冰穹 A 至冰穹 F[②]段分冰岭[③]南侧（海拔 3 800 ~ 4 050 m）的低洼地带，约 100 个区域记录到了 −98 ~ −98.6℃ 的表面积雪低温。对比附近自动气象站资料，推测离地 2 m 的表面气温应为（−94 ± 4）℃（Scambos et al., 2018），但这非实测数据。

从 20 世纪 50 年代开始，南极半岛地区开始出现了显著的增温（Turner et al., 2005），幅度高达 0.1℃/（10 a）[④]（Steig et al., 2009），是全球升温最为显著的地区之一。在南极半岛西北海岸，夏季平均气温已比 1950 年升高了约 3℃（Brooks et al., 2018）。但从 20 世纪 90 年代后期开始，该地区受到极为频繁的东 - 东南冷空气影响，年平均气温出现了较为明显的下降［−0.5℃/（10 a），Turner et al., 2016］。而在南极半岛的最北端，2008—2014 年间，年平均气温下降了 1.98℃（Fernandoy et al., 2018）。由于长期变化趋势仍是升温，这种局域的十年际变化，反映了南极大气循环极端变化的复杂性。南极点在过去 30 年间呈现明显的升温趋势（Clem et al., 2020）。

与南极半岛地区总体升温不同，1991—2015 年间，东南极洲沿岸气温则略有下降或相对稳定（Ramesh and Soni, 2018）。南极半岛地区和东南极洲气温变化得到了我国南极长城站和中山站气象观测资料的证实（林祥和卞林根，2017）。

① 国际气象组织于2021年7月1日核实（https://public.wmo.int/en/media/press-release/wmo-verifies-one-temperature-record-antarctic-continent-and-rejects-another）。
② 位于毛德皇后地东部，南极冰盖海拔第二高区域（最高3 810 m），日本在此建有富士冰穹站。
③ 冰盖高点形成的冰脊，冰脊两侧的冰流向不同，是冰盖分区的重要依据。
④ 其温度每10年上升0.1℃。

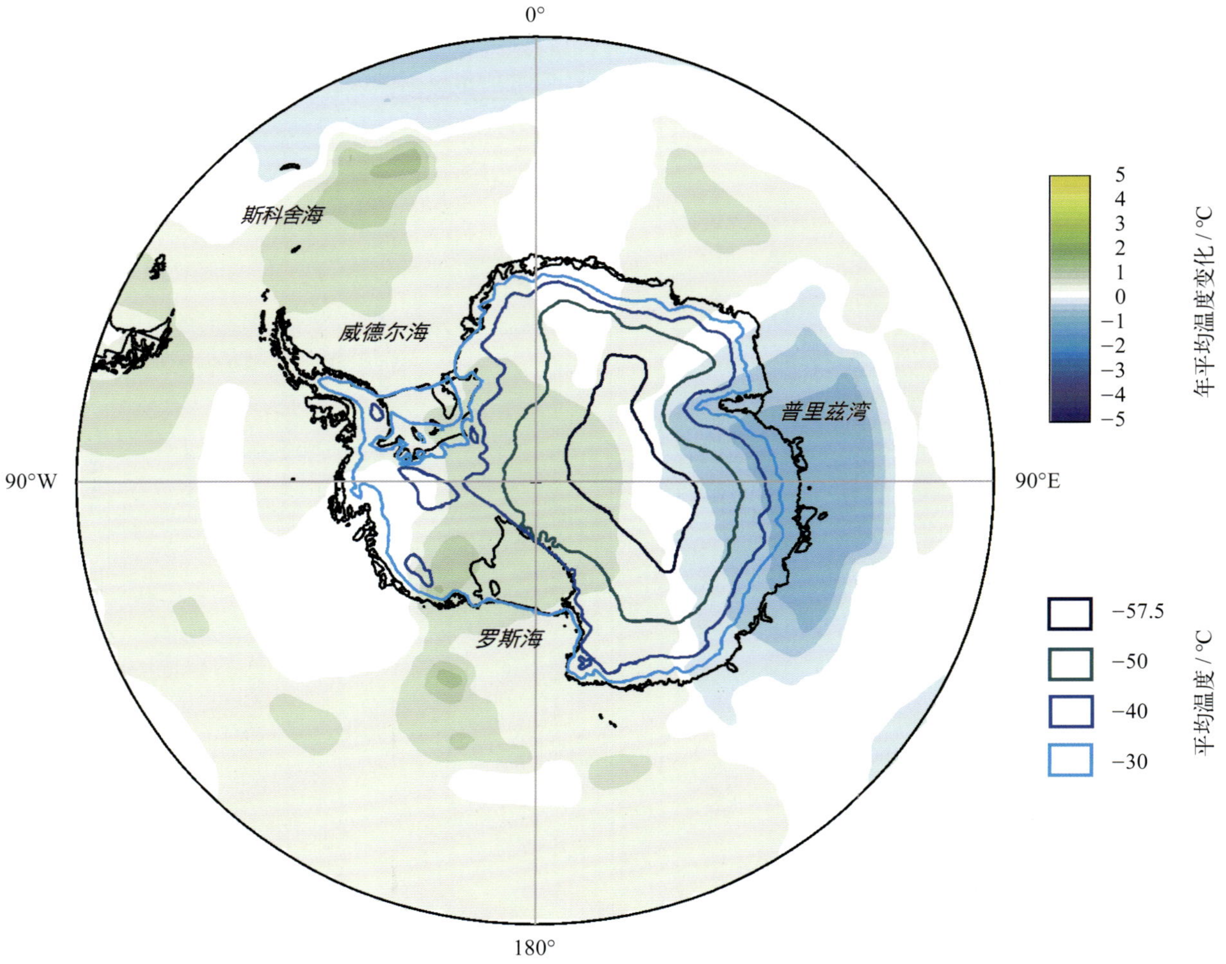

图4 2017年均气温与前10年平均值的对比

（数据源于NASA−GISS；南极洲等温线参见Morgan et al., 2007）

说　明

1. 东南极洲中心区域的平均气温低于−50°C，西南极中心区域平均气温低于−30°C。

2. 气温存在较大的年际波动，因而年与年之间会存在较大的差异。

3. 南极洲边缘海气温变化差异较大，普里兹湾、戴维斯海和莫森海区域呈现较为明显的降温，而罗斯海东部和威德尔海北部区域则出现一定程度的升温。

2　南极冰盖与冰架

2.1　南极冰盖

冰盖也称大陆冰川，是指覆盖面积大于 50 000 km^2 的冰体。南极冰盖是地球上体量最大的单一冰体①，形成于 4 550 万年前的始新世中期②（Ehrmann and Machensen, 1992），可分为东南极冰盖和西南极冰盖（含南极半岛冰盖），面积为 12 295 000 km^2（含冰架）。其中，东南极冰盖是南极冰盖的主体，大约覆盖 45°W—68°E 的广阔范围，地理南极点位于其中③。

东南极洲有不少海拔相对较高的冰盖区域，称为冰穹，如冰穹 A、冰穹 F 和冰穹 C 等。其中，冰穹 A 是南极冰盖海拔最高的区域，也是我国南极昆仑站所在地；最高点（80°22′S，77°21′E）海拔为 4 093 m，于 2005 年 1 月 18 日由中国南极考察队测得。

东南极冰盖表面相对平滑，但冰盖下方存有大量的山脉，其中最大的冰下山脉为冰穹 A 附近的甘伯采夫冰下山脉。该山脉地带被认为是南极冰盖的最初起源地（Sun et al., 2009）。西南极冰盖部分地区冰厚超过 2 000 m，但约有 3/4 的冰盖底部位于海平面以下，最深处位于玛丽・伯德地的本特利冰下海沟（−2 870 m，Fretwell et al., 2013）。

南极冰盖总冰量（不含冰架部分）为 26 540 000 km^3，平均冰厚为 2 126 m（Fretwell et al., 2013），约占全球淡水资源总量的 2/3。若南极冰雪完全融化，可使全球海平面上升 58.3 m，其中，冰盖的贡献为 57.8 m，包括东南极冰盖的 53.3 m，西南极冰盖的 4.3 m，以及南极半岛冰盖的 0.2 m（Fretwell et al., 2013）。

冰盖的冰受重力作用会从高处向低处（从内陆向海岸）滑动，形成冰流。冰流是南极冰盖物质平衡的一个重要动力学过程。其中，分冰岭附近的冰流速最小，冰架的冰流速最大（图 5）。

整个冰盖根据冰流可分为 5 个大区：东南极 1 区、东南极 2 区、西南极 1 区、西南极 2 区，以及南极半岛区。同时，根据冰流下坡最大坡度的方向，可细分为 27 个冰流区（图 5）（Rignot et al., 2011）。其中，冰架分区主要基于表面高程、剪切裂缝、褶皱、融斗走向和冰架前缘裂缝等要素的综合分析结果。

南极冰盖每年通过降雪的累积量约为 2.1×10^{12} t，换算为水体积相当于全球海平面 5.8 mm 的波动（Wessem et al., 2018）。而冰量的损失，一方面是通过风的输运和升华；另一方面是通过冰盖运动输送入海，其中一部分通过接地线④进入海洋形成冰架，与海洋接触而逐步消融，另一部分则通过断裂形成冰山而损耗。

① 地球上两大冰盖为南极冰盖和北极的格陵兰冰盖。

② 地质年表时间单位从大到小分为宙、代、纪、世、期。始新世隶属于显生宙、新生代、古近纪，期间现代哺乳动物群开始出现。

③ 美国在此建有阿蒙森–斯科特站。阿蒙森（1872—1928年）为挪威极地探险家，曾率领探险队于1911年12月14日首次到达南极点；斯科特（1868—1912年）为英国海军军官、极地探险家，率领探险队于1912年1月17日到达南极点，比阿蒙森晚35天，但在返程途中不幸遇难。

④ 冰架与基岩的交接线，交接线以外为漂浮在海洋上的冰架。

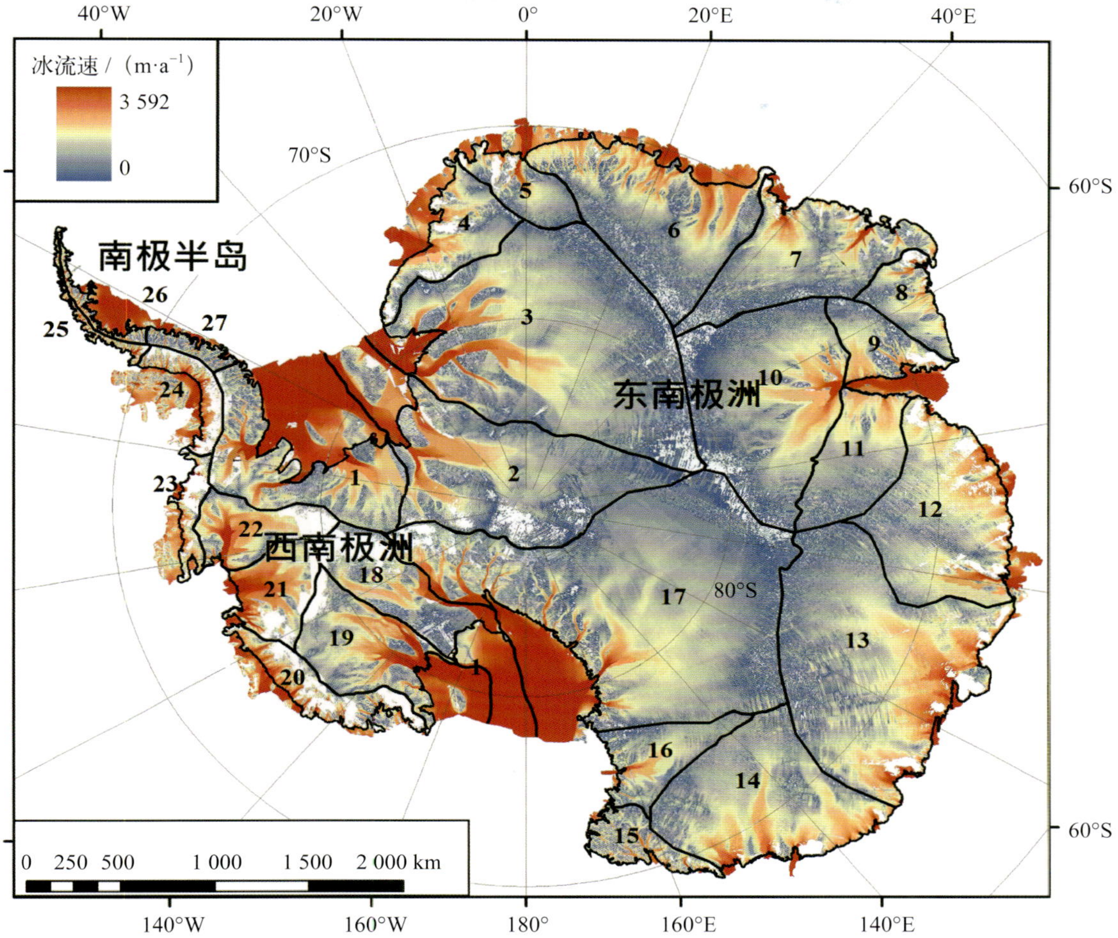

图5　南极冰盖和冰架流动速率

（参见Rignot et al., 2011；Zwally et al., 2015和美国NASA数据）

说　明

1. 根据不同颜色对冰流速的表示可见，分冰岭附近冰流速最小，冰架冰流速最大。

2. 冰流根据冰卫星资料处理获得，整个冰盖根据冰流共分5个大区27个小区：2～17分区为东南极区（其中，2～11分区为东南极1区，12～17分区为东南极2区）、24～27分区为南极半岛区，其余为西南极区（其中，1分区、18～19分区、23分区为西南极1区，20～23分区为西南极2区）。

2.2 南极冰架

冰架是指从冰川或冰盖延伸入海、浮于海上的冰体。南极洲有超过 300 个冰架（Shepherd et al., 2018），占据 44% 的海岸线（Drewry，1983），总面积为 1 541 700 km^2。冰架的平均厚度在 300 ~ 2 500 m 不等（Schaffer et al., 2016）。它是南极冰 – 海相互作用的重要场所。

南极的十大冰架按顺时针方向为罗斯冰架、盖茨冰架、艾伯特冰架、威尔金斯冰架、乔治六世冰架、拉森 C 冰架、龙尼 – 菲尔希纳冰架、里瑟 – 拉森冰架、芬布尔冰架、埃默里冰架、西冰架和沙克尔顿冰架，其地理位置见图 6。其中，罗斯冰架位于罗斯海沿岸、爱德华七世半岛和罗斯岛之间，面积为 472 960 km^2（占比 30.7%），是南极最大的冰架；纵深约 850 km，厚度从前缘的小于 100 m 增加到最南端的超过 800 m，大部分区域的冰厚为 200 ~ 250 m（Griggs and Bamber, 2011）。第二大冰架为龙尼 – 菲尔希纳冰架，位于威德尔海沿岸、科茨地和南极半岛之间，被伯克纳岛分为西部的龙尼冰架和东部的菲尔希纳冰架，面积为 422 420 km^2（占比 27.4%）。埃默里冰架位于北查尔斯王子山和拉斯曼丘陵之间，为南极第三大冰架，面积为 62 620 km^2（占比 4.1%）。2005 年，拉森 C 冰架面积约为 78 500 km^2，但受地区升温导致冰架崩塌的影响，目前其面积已降至第 4 位，约为 48 600 km^2。

拉森冰架是南极半岛东侧从朗京角至史密斯半岛一系列冰架的总称，由北向南从 A 至 F 命名（Rignot et al., 2013）。受南极半岛地区增温影响，该冰架从 20 世纪 90 年代开始陆续崩解。其中最小、最北端的拉森 A 冰架于 1995 年消亡；拉森 B 冰架面积为 3 250 km^2 的北部主体于 2002 年崩塌（Kaiser, 2002）①；而 2017 年 7 月面积为 5 800 km^2 的巨型冰体从拉森 C 冰架上崩解，使得其面积减少了约 12%②。冰架前缘海冰的存在通常能起到保护冰架的作用，避免冰架受海浪影响而触发局域崩塌（Massom et al., 2018）以及降低海水热量向冰架底部的输运（Kusahara，2020）。

20 世纪 50 年代以来，南极半岛区域的冰架面积减少了 33 917 km^2，或 22%（Hogg and Gudmundsson，2017）。罗斯冰架和埃默里冰架等相对稳定，但位于阿蒙森海和别林斯高晋海沿岸的冰架则受冰下暖水入侵的影响，厚度减少了 10% ~ 18%（Paolo et al., 2015）；后者虽然仅占南极冰架总面积的 8%，却贡献了超过 50% 的冰架融水（史久新，2018）。有研究表明，冰架的物质损耗主要源于其底部冰层的消融（Rintoul et al., 2016）。

受观测技术的制约，目前对冰下海腔的认知仍很有限。通过冰架钻孔进行观察和采样，在罗斯冰架底部发现了海葵、在海腔底部和接地线附近发现了端足类甚至小鱼（Bruckhausen et al., 1979; Daly et al., 2013），并通过钻孔对冰下海洋微生物群落进行了分析（Vick-Majors et al., 2016）。近年来，各国正在尝试运用自主式水下航行器（AUV）进入海腔开展大范围观测，如英国科学家利用 AUV 对阿蒙森海沿岸松岛冰川冰架的海腔进行了探测（Jenkins et al., 2010；Kimura et al., 2016）；2018 年 1—2 月，*Boaty McBoatface* 号 AUV 首次对菲尔希纳冰架海腔进行了探测③。

---

① NASA Study Shows Antarctica's Larsen B Ice Shelf Nearing Its Final Act (Press release). NASA. 14 May 2015.

② https://www.telegraph.co.uk/science/2017/07/12/iceberg-four-times-size-london-breaks-antarctica-ice-shelf/.

③ https://phys.org/news/2018-03-boaty-mcboatface-mission-ice.html.

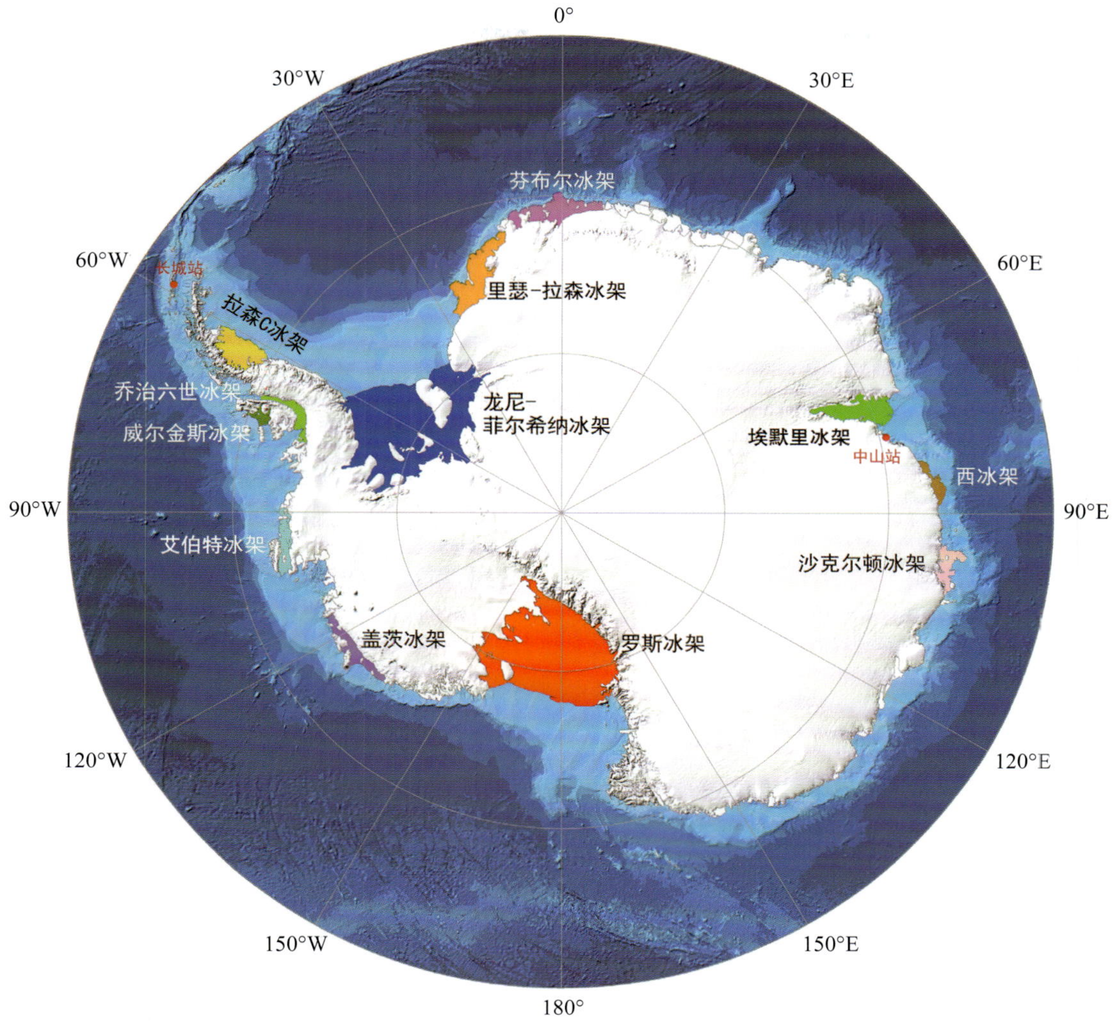

- 罗斯冰架 472 960 km²
- 盖茨冰架 32 810 km²
- 艾伯特冰架 27 000 km²
- 乔治六世冰架 23 880 km²
- 威尔金斯冰架 13 680 km²
- 拉森C冰架 48 600 km²
- 龙尼-菲尔希纳冰架 422 420 km²
- 里瑟-拉森冰架 48 180 km²
- 芬布尔冰架 41 060 km²
- 埃默里冰架 62 629 km²
- 西冰架 16 370 km²
- 沙克尔顿冰架 33 820 km²

图6 南极洲主要冰架地理位置示意

（参见NSIDC；底图引自IBCSO V.1）

说 明

1. 南极洲超过300个冰架的总面积逾150×10^4 km²，约占南极洲总面积的13%。

2. 罗斯冰架和龙尼-菲尔希纳冰架是南极最大的两个冰架；埃默里冰架位于我国南极中山站以西，为第三大冰架，但面积比前两者要低一个数量级。

2.3 冰下湖

冰下湖指存在于冰盖底部的湖泊。南极洲冰下湖最早发现于 20 世纪 60 年代后期（Robin et al., 1969），目前已发现的数量为 675 个（Livingstone et al., 2022），主要集中在东南极洲的冰穹 C[①]、冰脊 B、横贯南极山脉附近以及东南极洲的泰坦冰穹区域[②]，长度从 250 km 至小于 1 km 不等、形成于山谷或台地，是冰下活跃水系的一部分（Smith et al., 2009），或被隔离了数百万年（Siegert et al., 2016）（图 7）。中国通过南极内陆考察发现了第 5 大冰下湖——雪鹰湖（麒麟湖）。探测表明，南极冰盖底部存在一个庞大的水系（Jamieson et al., 2016），把部分冰下湖连成一体，起到了润滑底部、加快冰体流动的作用（Shepherd et al., 2018；Diez et al., 2019）。2008—2016 年对 46 个活跃冰下湖的连续监测显示，其中有 20 个表面高度出现了显著变化（Siegfried and Fricker, 2018）。

冰下湖探测最大的挑战是在钻进和取样过程中可能导致的样品污染问题。截至 2018 年，成功钻穿冰层获得湖水或湖底沉积物样品的冰下湖有 3 个：位于东南极洲的东方湖以及位于西南极洲的惠兰斯湖和默瑟湖，前者由俄罗斯主导，后两者由美国主导。

东方湖是迄今完成钻探采样的最大冰下湖，位于东南极洲海拔 3 488 m 的俄罗斯东方站约 4 000 m 厚的冰层之下，因而其水表处在海平面以下约 500 m。湖长为 250 km，最宽处为 50 km（Siegert et al., 2001），表面积为 12 500 km^2，平均水深为 432 m，储水量为 5 400 km^3。俄罗斯在 2012 年 2 月钻穿冰层获取到了上涌至钻孔的东方湖水样。尽管在东方湖水样中发现了大量细菌和真核生物的脱氧核糖核酸（DNA）（Shtarkman et al., 2013），但有科学家认为是采样污染所致（Schiermeier, 2013; Gramling, 2015）。

惠兰斯湖位于西南极洲威尔兰斯冰流下游冰下约 800 m 处，于 2013 年 1 月被成功钻穿冰层。研究表明，湖体内存在一个化能合成驱动的生态系统[③]，存在一个丰富的细菌和古菌类群（Christner et al., 2014; Achberger et al., 2016）。

默瑟湖位于西南极洲威尔兰斯冰流上游 1 067 m 厚的冰层下，距惠兰斯湖 40 km，面积约 160 km^2，是冰下活跃水系的一部分。美国于 2018 年 12 月用高压热水钻钻穿冰层，获取了水样和 1.7 m 的湖泊沉积柱。镜检发现了一些光合藻类的残骸，同时意外见到保存完整的陆生缓步类动物，俗称水熊虫（water bear）的遗骸（Fox, 2019）。

埃尔斯沃思湖位于冰下约 3 400 m 处，长约 10 km，面积约 30 km^2，水深约 150 m。湖表面位于海平面 1 400 m 以下。英国曾于 2012 年 12 月尝试利用热水钻钻穿冰层，但因钻孔无法对接而失败。

所有的研究表明，南极冰盖下存在一个全球性的碳（甲烷）库和微生物区系，可以代谢岩石圈的元素并影响南大洋的生物地球化学循环和生物系统（Christner et al., 2014; Michaud et al., 2017; Davis et al., 2023）。相关研究也增加了在环境恶劣或不适宜生存的星球，诸如火星和卫星（例如木卫二）上，外星生命存在的可能性。

① 南极冰盖数个高点之一，海拔3 233 m，法国和意大利在此联合建有康科迪亚常年站（Concordia Station）。
② 其位置为南极点沿180°经线约200 km，海拔3 200 m。
③ 利用湖底沉积物释放的铵和甲烷作为能源，而非自然界常见的利用光能进行光合作用合成有机物。

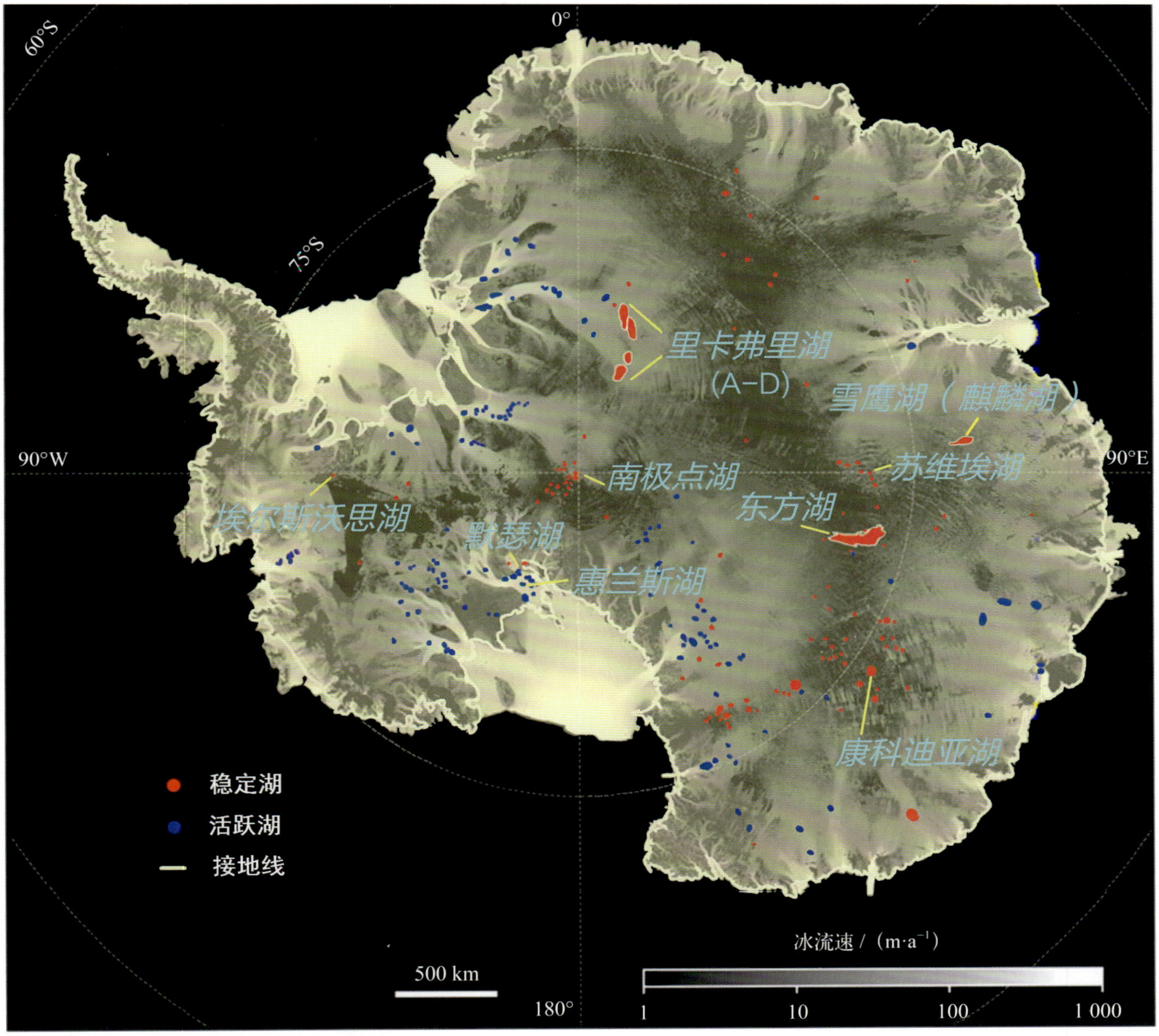

图7　南极冰下湖分布示意图

［参见Siegfried and Fricker, 2018；其中里卡弗里湖参见Diez et al., 2019, 雪鹰湖（麒麟湖）参见Yan et al., 2022］

说　明

1. 红色为非活跃冰下湖，为独立的冰下湖泊；蓝色为活跃冰下湖，与整个南极冰盖底部水系相连。

2. 非活跃冰下湖主要集中在东南极分冰岭和南极点附近地区，活跃冰下湖主要集中在罗斯冰架和龙尼–菲尔希纳冰架周边地区。

3.我国依托南极考察“雪鹰601”固定翼飞机调查资料，发现了位于伊丽莎白公主地的“雪鹰”冰下湖（“麒麟”冰下湖）。该湖位于冰盖冰面以下3 600 m，表面积约370 km^2，在已发现的南极冰下湖中面积排名第5。

2.4 冰下地形

南极冰盖（不含冰架）总面积为 12 295 000 km^2，除去冰盖后为冰下基岩。基岩平均海拔 82.8 m①。其中，位于海平面以下的基岩面积为 5 500 000 km^2，占冰下基岩总面积的 44.7%；位于海平面以上的基岩面积为 6 795 000 km^2，占冰下基岩总面积的 55.3%。通过卫星和航空遥感探测的反演证实，冰下存在一个广泛而古老的高山地形以及冰河期前的地质构造和河谷网络（Jamieson et al., 2014）。

东南极洲基岩主体位于海平面以上，具有以下几个显著特征：最高处为冰穹 A 附近冰下的甘布尔采夫冰下山脉，其次为西部的毛德皇后地山脉；最低处位于东兰伯特裂谷，该裂谷从埃默里冰架向南经过甘布尔采夫冰下山脉东侧（Ferraccioli et al., 2011），一直延伸至横贯南极山脉；西部存在线形的里卡弗里冰下高地，大致沿 35°E 子午线从南极点附近起始穿越东南极洲；东南极洲冰下地形整体呈东低西高，东部存在大面积、海拔低于海平面的区域，包括长约 1 400 km、宽 400 km 的威尔克斯冰下盆地，它也是东南极洲最大的海基集水区②；冰下山脉的存在可减缓冰川流动，而托滕（Totten）冰川等底部基岩存在稳定的坡度，使之成为海平面上升的高风险区（Morlighem et al., 2020）。

而对之前数据缺乏的伊丽莎白公主地冰下地形的最新研究显示，该地区庞大的冰下水系延绵约 1 100 km，并存在数条千米深的峡谷以及一个面积为 1 250 km^2 的冰下湖（Jamieson et al., 2016）；威德尔海东岸里卡弗里冰下盆地集水区存在 4 个大的冰下湖（A—D）和多个小湖，其中 A 湖和 B 湖的总面积高达 4 320 km^2（Diez et al., 2019）。

欧洲航天局 PolarGAP 计划③的最新研究结果显示，83.5°S，90°W 以南冰下地形存在 3 个峡谷，最大的为国家科学基金海槽，超过 350 km 长、35 km 宽；其他的如帕图克森特地海槽超过 300 km 长、逾 15 km 宽，安夫塞特裂谷盆地 150 km 长、30 km 宽（Winter et al., 2018）。若气候变化导致冰盖变薄，这些海槽的存在会增加从南极洲中央区向外围的冰流速度，从而加速海平面上升。

西南极洲基岩除了玛丽·伯德地部分区域外，约有 3/4 的面积处于海平面以下。若去除冰盖，罗斯海将通过位于海平面以下的伯德冰下盆地与阿蒙森海和威德尔海连通。其中，本特利冰下海沟的最低点位于海平面以下 2 870 m。

最近的研究在西南极冰盖下发现 138 座火山，其中 91 座为新发现火山（Van Wyk de Vries et al., 2017）。火山在西南极冰下盆地分布广泛，但主要集中在西南极裂谷系统（WARS）④超过 3 000 km 中轴的两侧。这些火山的发现对于研究冰盖底部热通量和冰盖稳定性具有重要意义。

① 本节基础数据主要引自Bedmap2计划成果。
② 海基，英文为marine-based，指冰盖底部，位于海平面以下。集水区是指冰流向同一个方向或地点汇聚所涵盖的区域。
③ 旨在填补南极点附近卫星重力测量空白，同步开展冰盖、地质和地球物理探测的国际计划。
④ 从罗斯海、罗斯冰架、玛丽·伯德地的部分，延伸至帕默地/埃尔斯沃思地交界处一系列裂谷的总称，涵盖总长约3 000 km、宽约700 km的范围。

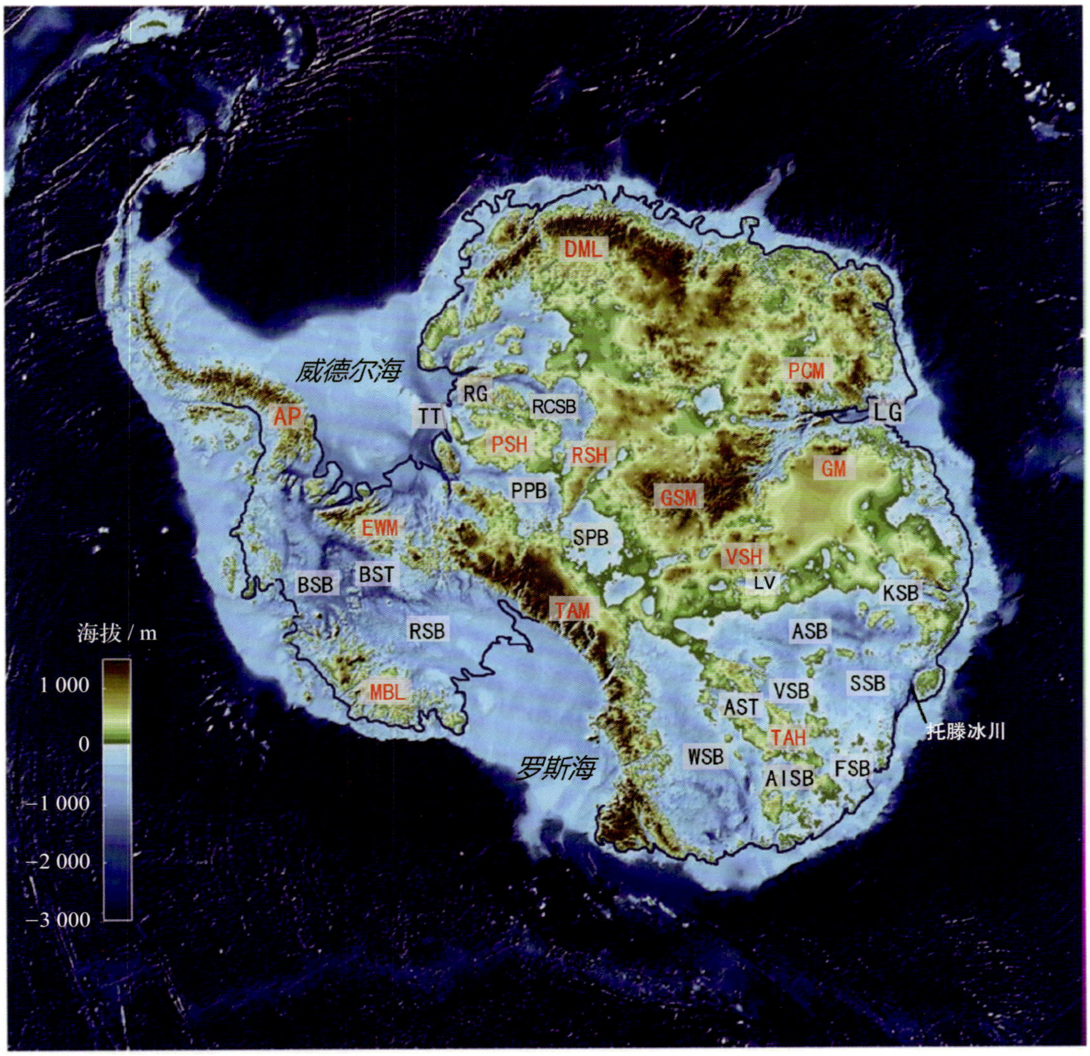

图8　南极洲冰下地形图

（改自Damiani, 2008; Jamieson et al., 2014; Aitken et al., 2014; Humbert et al., 2018; Paxman et al., 2019；底图引自Humbert et al., 2018）

说　明

1. 深蓝色线为接地线；红色缩略词为海平面上地名，黑色缩略词为海平面下地名。

2. 字母对应中文名（英文全名见附录3）。

（1）陆上部分：DML为毛德皇后地（山脉），PCM为查尔斯王子山脉，GM为格罗夫山，RSH为里卡弗里冰下高地，PSH为极隙冰下高地，GSM为甘布尔采夫冰下山脉，VSH为东方号冰下高地，TAH为阿黛利地高地，TAM为横贯南极山脉，MBL为玛丽・伯德地，EWM为埃尔斯沃思–惠特莫尔山脉，AP为南极半岛；

（2）水下部分：TT为蒂尔海沟，PPB为彭萨科拉–极地盆地，SPB为南极点盆地，RG为里卡弗里地堑，RCSB为里卡弗里冰下盆地，LG为兰伯特地堑，LV为东方湖，KSB为诺克斯冰下盆地，ASB为极光号冰下盆地，SSB为萨布里纳冰下盆地，VSB为樊尚冰下盆地，FSB为弗罗斯特冰下盆地，AISB为星盘号冰下盆地，WSB为威尔克斯冰下盆地，RSB为罗斯冰下盆地，BST为本特利冰下海沟，BSB为伯德冰下盆地，AST为阿德文彻冰下海沟。

2.5 南极洲冰雪消融

南极冰盖是气候变化的一个重要指示器和海平面上升的推进器。研究表明，在1992—2017年，冰盖损失了（2.720 ± 1.39）× 10^{12} t的冰量，对海平面上升的贡献为（7.6 ± 3.9）mm。对比1992—1997年和2012—2017年两个时期，西南极洲海洋作用导致的冰损失从（5.3 ± 2.9）× 10^{10} t/a增加到（15.9 ± 2.6）× 10^{10} t/a；冰架崩塌导致的冰损失从（0.7 ± 1.3）× 10^{10} t/a增至（3.3 ± 1.6）× 10^{10} t/a（The IMBIE team, 2018）。另有研究表明，冰盖的冰量损失从1979—1990年的4.0 × 10^{10} t/a增加到了2009—2017年的25.2 × 10^{10} t/a，其中西南极洲、东南极洲和南极半岛冰盖的损失量（含冰架）分别为15.9 × 10^{10} t/a、5.1 × 10^{10} t/a和4.2 × 10^{10} t/a（63%、20%和17%，Rignot et al., 2019）；2003—2019年间融冰量为11.8 × 10^{10} t/a（Smith et al., 2020）。受西风带增强导致的绕极深层水（CDW）①南移的影响，2009年以来，最显著的冰雪消融区包括西南极洲的阿蒙森－别林斯高晋海扇区、东南极洲的威尔克斯地以及南极半岛的西部和东北部（图9）（Gardner et al., 2018；Rignot et al., 2019）。冰雪消融对海平面上升的贡献速率为3.6 mm/(10 a)，自1979年以来，累计对海平面的贡献为14.0 mm，西南极洲、东南极洲和南极半岛三大冰盖的贡献分别为6.9 mm、4.4 mm和2.5 mm（Rignot et al., 2019）。

东南极冰盖相对稳定［1992—2017年间冰损失（0.50 ± 4.6）× 10^{10} t/a，The IMBIE team, 2018; Gardner et al., 2018］，但对于其冰量的增减尚有不同观点（Zwally et al., 2015; Medley et al., 2017）。冰芯的长时间序列分析表明，冰盖总量从1800年以来增加了约10%，增速为（70 ± 1.3）× 10^{8} t/10 a（Thomas et al., 2017）。不过，由于东南极冰盖海平面以下部分的冰量相当于全球海平面上升19 m，从百年以上尺度来看，东南极冰盖对未来海平面上升将作出重大贡献（Levermann and Mengel, 2014）。

南极冰盖消融主要源于海源性底部融化（Rignot et al., 2013；Liu et al., 2015）。海水升温1°C，冰架底部的融化速率将增大到10 m/a左右（Rignot et al., 2013）。而对东南极洲托滕冰川的调查表明，1996—2013年间其厚度下降了12 m；同时由于其冰流区冰底有21%面积处于海平面以下1 000 m，冰川前缘水温高达0.3°C，严重威胁该冰川的稳定性（Qiu, 2017）。

南极洲冰雪消融会对区域乃至全球气候环境产生重要影响。目前，西南极冰盖消融对海平面上升的贡献为0.4 mm/a。有估算表明，按目前的升温趋势，至2100年南极冰盖对海平面上升的贡献为0.3 m至大于1 m（Ritz et al., 2015; DeConto and Pollard, 2016）。冰川融化注入南大洋会减弱南极底层水的形成，并触发南极冰架物质损失的增加，从而影响全球翻转环流②和海平面的上升（Silvano et al., 2018）。模式研究表明，冰川消融会延迟全球升温、增加南半球的干旱、增加南极海冰的形成，还会导致南极沿岸次表层海水的增温，从而促进冰盖和冰架的进一步融化（Bronselaer et al., 2018）。

---

① 南大洋最大的水团，由北大西洋深层水（NADW）、南极底层水（AABW）和南极中层水（AAIW）混合而成，温度为1～2°C、盐度为34.62～34.73。

② 热盐环流是由于海洋表层受热冷却不均、蒸发降水不均所产生的温度和盐度变化，从而导致密度分布不均匀而形成的热力学海洋环流系统。全球热盐环流有两个重要翻转地：南大洋是全球底层水的形成地，而北大西洋是全球深层水的形成地。

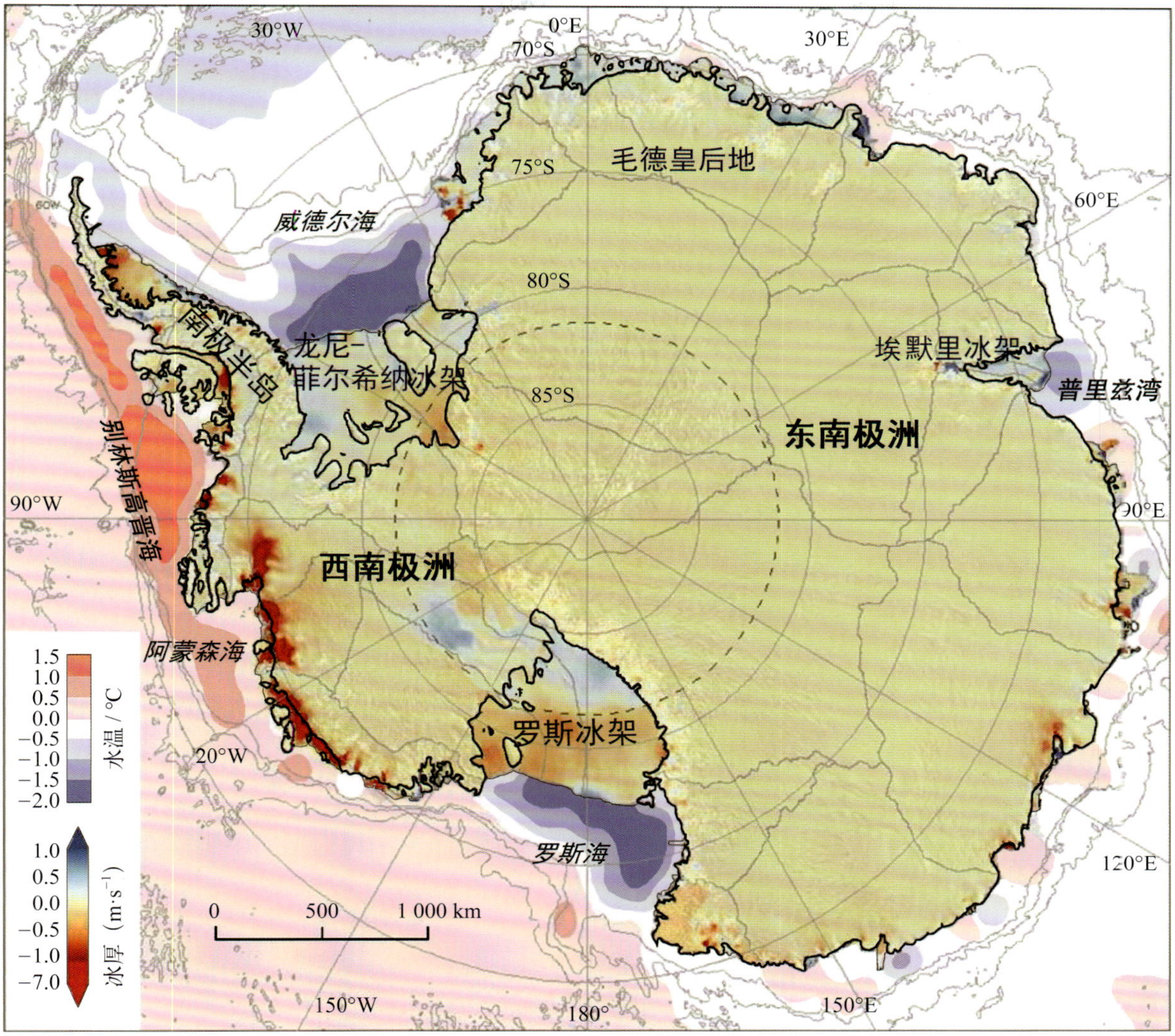

图9　2010—2017年间冰盖高度和冰架厚度的变化（81.5°S以南统计时间为1992—2017年）

（改自Shepherd et al., 2018）

说　明

1. 冰厚变化利用卫星高度计复测获得。

2. 冰盖和冰架的快速消融主要集中在玛丽·伯德地沿岸，主要受暖水入侵冰下海腔影响；南极半岛地区主要因气温上升导致冰架断裂，导致面积减少和厚度减薄。

3. 在三大冰架部分区域、毛德皇后地近岸冰架和西南极冰盖中部小片地区冰量略有增加。

4. 本图同时显示了海底水温，西南极洲近岸海域水温较高，而罗斯海、龙尼-菲尔希纳冰架和埃默里冰架前缘水温较低。

3　南极洲无冰区与陆地生态系统

3.1 南极洲无冰区

南极洲无冰区指南极陆域非长年冰封的区域，包括裸露的山脊、悬崖、碎石坡、无冰山谷、海岸绿洲和岛屿等多种形态，其面积小于 1 km^2 至数千平方千米不等（Convey et al., 2014）。无冰区面积不足南极洲总面积的 1%（Burton-Johnson et al., 2016; Terauds and Lee, 2016），其中裸露岩区的面积仅为 21 745 km^2，占南极洲总面积的 0.18%（Burton-Johnson et al., 2016）。南极洲无冰区主要集中在横贯南极山脉地区和南极半岛地区，其他地区仅有零星分布（图 10）。

无冰区也被称为“绿洲”或“干谷”。其中最大的干谷为位于美国麦克默多站①附近的麦克默多干谷，面积约 4 900 km^2，其部分区域已于 2004 年被设为南极特殊保护区。根据其季节性环境状况可分为 3 个气候区：沿岸区（海拔低于 400 m），夏季平均气温约为 −5°C，降水量为 25 ~ 100 mm/a；高地区（海拔 1 000 ~ 2 500 m），最为寒冷和干旱，夏季平均气温约为 −10°C，降水量小于 10 mm/a；中间为过渡区。干谷中有 10 余个湖泊，其中唐胡安湖是南极盐度最高、全球盐度第二高的咸水湖。干谷内环境恶劣，尽管在沿岸区域发现了大量微生物，但在高地永久冻土层并没有发现活跃微生物的存在（Jacqueline et al., 2016）。

南极洲还有另一种特殊类型的“绿洲”，那就是火山附近的地热影响区，其能够创造一个为许多微生物种类提供生存条件的冰川微环境（Fraser et al., 2018）。应用宏基因组学分析技术②的研究表明，在维多利亚地火山附近的无冰区以及蒸汽造成的厄瑞玻斯火山③冰下洞穴样品中，均发现了大量苔藓、微藻、节肢动物、环节动物和线虫类等生物的脱氧核糖核酸（DNA）。

有研究表明，在联合国政府间气候变化专门委员会（IPCC）④设定的第二种情景下，到 21 世纪末，南极洲无冰区面积可增加 17 000 km^2，增加近 25%，其中主要增加在南极半岛地区（Lee et al., 2017）。

南极洲无冰区是南极陆地生物的主要生存场所以及海洋鸟类和哺乳动物的繁殖场所，同时也是人类活动最为频繁的地区，包括考察站建设运行、科学考察、旅游等，因而也是南极地区受人类活动影响最为显著之地。南极特别保护区（ASPA）和南极特别管理区（ASMA）也多集中在这些区域。利用卫星影像进行地理信息系统制图，结果显示，南极无冰区内的建筑面积已超过 390 000 m^2，超过一半的沿岸大型无冰区受到影响（Brooks et al., 2019）。

---

① 美国于1956年2月16日建成投入使用，现为南极最大的考察站，也是其极点站人员和物资的中转站。拥有3个机场（其中两个为季节性机场）、1个码头、1个直升机停机坪和百余栋建筑；夏季可容纳千人同时工作，冬季可容纳250人在此越冬。

② 通过直接从环境样品中提取全部微生物DNA（也称宏基因组），构建宏基因组文库，研究环境样品所包含的全部微生物的遗传组成及其群落功能。

③ 为南极洲最高和最为活跃的活火山，位于罗斯海近岸的罗斯岛上。该岛南部建有美国的麦克默多站和新西兰的斯科特站。

④ 世界气象组织（WMO）及联合国环境规划署（UNEP）于1988年联合建立，其主要职责是定期为政策制定者提供有关气候变化及其影响和未来潜在风险的科学评估，并指出适应和减缓战略。

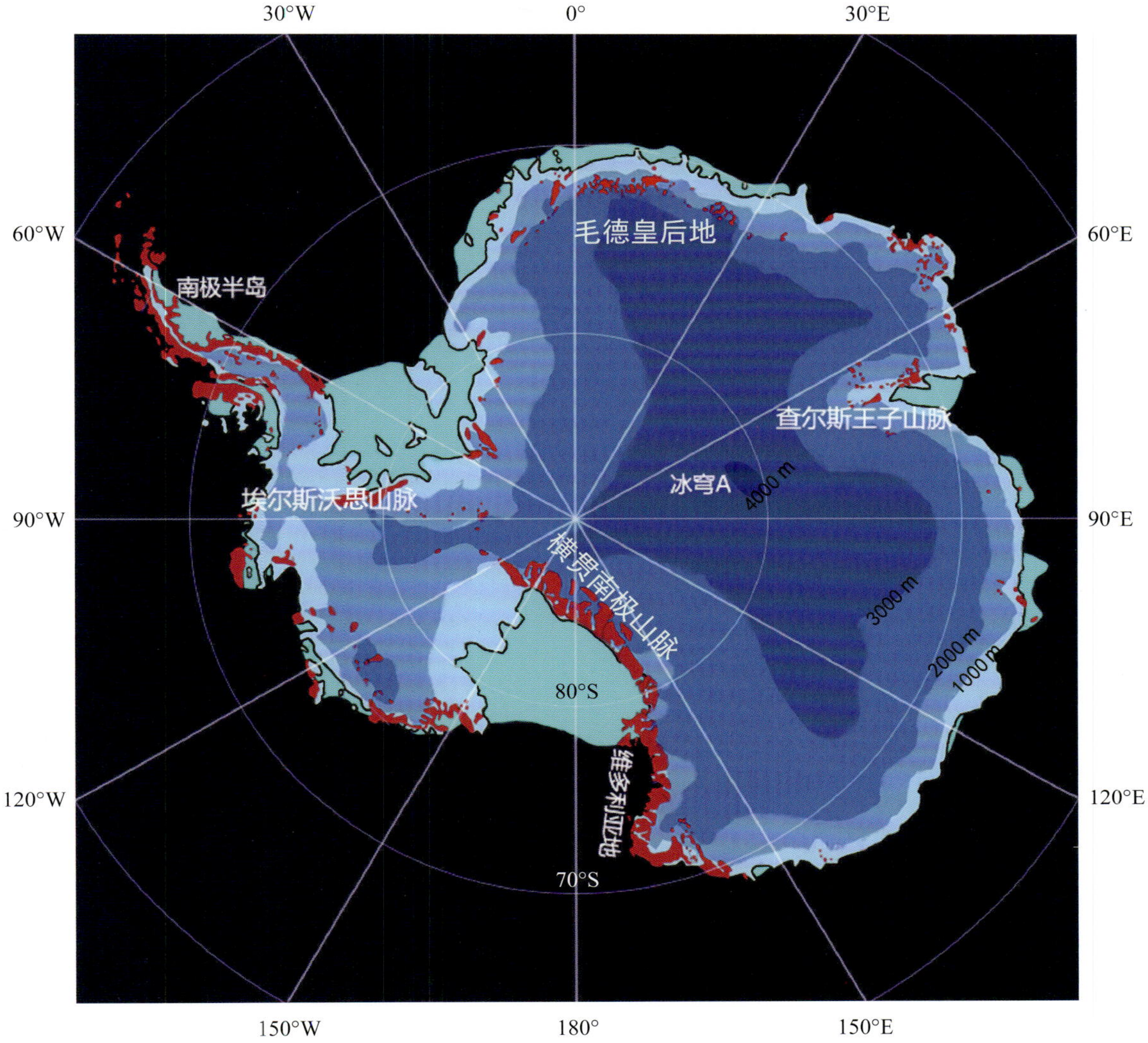

图10　南极洲无冰区示意图

说　明

1. 底图改自https://www.laenderservice.de/landkarten/antarktis/antarktika.aspx。
2. 图中红色部分为无冰区。

3.2 陆地生态系统

受南极恶劣环境的制约，南极洲陆地生物相对低等①，并几乎全部栖息在无冰区内。南极洲的陆地生物包括微生物、植物（维管植物、地衣、苔藓和微藻）、节肢动物、线虫、轮虫和缓步动物（俗称水熊虫）（Chown and Fraser, 2015）。

南极洲植物主体是苔藓类，包括约 100 种藓类和 25 种苔类；地衣约有 400 种②；显花植物仅有 3 种，包括南极发草、南极漆姑草以及入侵种——早熟禾③ (Chwedorzewska et al., 2014)，主要分布在南极半岛西海岸及邻近岛屿。以苔藓为例，南极半岛西海岸及邻近岛屿分布有南极洲所有的苔藓种类，而在南极洲其他地区苔类有广泛分布，但藓类仅有 1 种。南极陆地动物以节肢动物占优，包括甲虫、苍蝇和飞蛾等各类昆虫，蜘蛛、微型螨和跳虫，以及缓步动物等，其他动物包括环节动物蚯蚓和线性动物线虫等，其中在南极半岛西海岸及邻近岛屿种类超过 300 种④。蚋、水熊虫、轮虫和线虫等很多种类仅在南极洲的某一区域有记录（Velasco-Castrillón et al., 2014），其原因是该物种缺少散布能力或机会，但也有可能是由于缺少足够的调查数据。南极洲缺少大型陆生动物。

南极洲生物区系总体可分为大陆性和海洋性两大类，其中大陆性区系指南极洲南极半岛以外的生物区系，海洋性区系指南极半岛以及南设得兰群岛和南奥克尼岛等邻近岛屿上的生物区系⑤；根据其生境和生物多样性可细分为 16 个南极养护生物地理区（ACBRs）：南极半岛东北区、南奥克尼群岛区、南极半岛西北区、南极半岛中南区、恩德比地区、毛德皇后地区、东南极区、维多利亚地北区、维多利亚地南区、横贯南极山脉区、埃尔斯沃思山脉区、玛丽・伯德地区、阿黛利地区、埃尔斯沃思地区、南极半岛南区以及查尔斯王子山脉区（图 11）（Terauds and Lee, 2016）。其中横贯南极山脉区面积最大，为 18 480 km^2；南奥克尼群岛面积最小，为 160 km^2。ACBRs 概念在 2012 年第 35 届南极条约协商会议（ATCM）上被采纳。

无论是在南极半岛还是南极大陆地区，气候环境的变化正在影响着陆地生物群落（Hill et al., 2011；Robinson et al., 2018；Colesie et al., 2023）。而受升温影响，无冰区面积扩大，可能导致生物区域内的均质化、弱竞争力种类的消亡以及外来种的扩散（Lee et al., 2017）。其中，南极发草和南极漆姑草随着升温快速向南扩张，微生物也可能在升温过程中获益（Frenot et al., 2005；Cannone et al., 2018）。

---

① 海豹和鸟类夏季在陆上繁殖，因其食物来源于海洋而被归为海洋生物。

② 引自British Antarctic Survey. “Plants of Antarctica”. Natural Environment Research Council. Archived from the original on 7 June 2011。

③ 温暖地区常见的一种杂草。

④ 引自http://acce.scar.org/wiki/Terrestrial_biota_of_the_Antarctic。另外，由于目前对该类群的调查很不充分，未来随着调查的深入，可能会有较大的变化。

⑤ 若从更广的地理范围考虑，则在极地锋附近岛屿上存在第三类生物区系——亚南极区系。（http://acce.scar.org/wiki/Terrestrial_biota_of_the_Antarctic）。

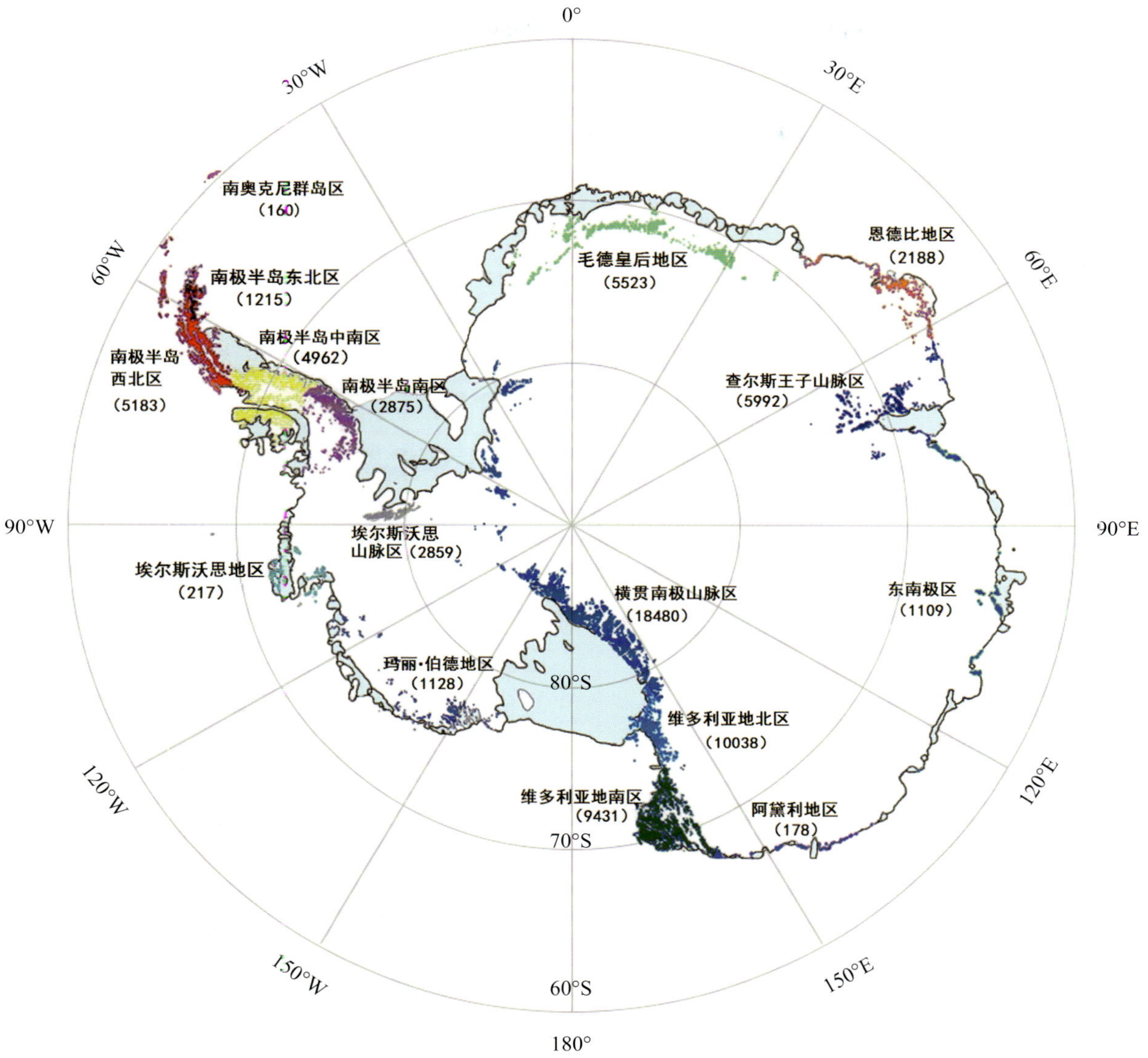

图11　16个南极养护生物地理区

（改自Terauds and Lee, 2016）

说　明

1. 括号内为各区面积，单位为km²。

2. 各区中面积最大的为横贯南极山脉区，面积为18 480 km²；其次为维多利亚北区和维多利亚南区，面积分别为10 038 km²和9 431 km²；南极半岛4个南极养护生物地理区面积合计为14 235 km²。

3. 16个南极养护生物地理区按面积（单位：km²）由大到小排列为横贯南极山脉区（18 480）>维多利亚北区（10 038）>维多利亚南区（9 431）> 查尔斯王子山脉区（5 992）> 毛德皇后地区（5 523）>南极半岛西北区（5 183）> 南极半岛中南区（4 962）> 埃尔斯沃思山脉区（2 859）> 南极半岛南区（2 875）> 恩德比地区（2 188）> 南极半岛东北区（1 215）> 玛丽·伯德地区（1 128）> 东南极区（1 109）> 埃尔斯沃思地区（217）> 阿黛利地区（178）> 南奥克尼群岛区（160）。

4 南大洋基础环境

4.1 海冰

4.1.1 海冰特性

海冰由海水冻结而形成，在极地环境中扮演着至关重要的角色。海冰可以反射太阳光热量，调节区域气候，并为海洋生物提供一个特殊栖息地。根据美国国家雪冰数据中心的统计数据，1979—2018 年间南大洋冬季最大海冰覆盖范围平均为 18.9×10^6 km^2、最大覆盖面积（扣除海冰覆盖范围内的无冰海域）平均为 16.6×10^6 km^2；夏季最小海冰覆盖范围平均约 3.0×10^6 km^2，主要为威德尔海和阿蒙森海等部分近岸海域[①]。2014 年记录到最大海冰覆盖范围为 20.3×10^6 km^2。

海冰按存在的时间长短可分为当年冰和多年冰[②]，南大洋主要为当年冰，多年冰主要分布在威德尔海、阿蒙森海以及南极高纬近岸海域（图 12）。在海冰形成过程中，还存在脂冰、尼罗冰和新冰等多种海冰形态。海冰分布主要受风和流的影响。由于南大洋海流相对稳定，因此风的变化对海冰范围有很大的影响。海冰按运动特性可分为固定冰和浮冰。固定冰存在于近岸海域，因与海岸相连而处于相对固定的状态[③]；固定冰区之外即浮冰区，浮冰受海流和风场的影响而处于漂移运动状态。

对多航次冰厚观测的统计显示，整个南极海冰的平均厚度为 0.87 m，其中南极近岸海冰厚度为 1.5 ~ 2.0 m，大洋区浮冰厚度多数不超过 1 m。厚度较大的海冰主要集中在罗斯海东侧和威德尔海西侧海域，其中威德尔海多年冰厚度可达 4.2 m，甚至更厚（Worby et al., 2008）。

海冰覆盖范围内存在冰间水道和冰间湖[④]两类无冰海域，从而为海 - 气交换和海洋生物生存创造了一个特殊生境。冰间水道为窄长形，宽度可以从数米至数千米。冰间湖相对较大、形状也较为规则，它具有潜热型和显热型两种类型，其中前者主要受海岸风作用而形成，后者主要受水温较高的上升流的作用而形成。研究表明，冰间湖区的初级生产与哺乳动物繁殖之间存在紧密的相关性（Paterson et al., 2015）。

南极近岸冰间湖在结冰过程中会损耗大量的热量并释放盐分，从而促进了低温、高盐深层水的形成。在东南极洲萨布里纳海岸附近海域和西南极阿蒙森海同样存在大型冰间湖，但并没有形成底层水，主要原因是冰架底部融化导致的淡水注入抵消了结冰过程中盐分的释放，阻碍了全深度对流和深层水的形成。缺少了深层的对流，暖水到达陆架深层过程中就不会损失过多热量，从而导致两地冰架底部快速融化（Silvano et al., 2018）。

---

① 为确保遥感数据的可靠性，冰区特指海冰密集度高于15%的海区。由于冰间湖和冰间水道等特殊形态的存在，海冰的实际覆盖面积（area）要小于覆盖范围（extent）。

② 当年冰是指在秋冬季冻结、次年春夏季融化的海冰；多年冰是指存在一年以上的海冰，根据存在年份的长短又可细分为二年冰、三年冰等。

③ 相对固定是由于海冰受潮汐影响，与海岸会有间隙。

④ 冰间水道——lead、冰间湖——polynya。

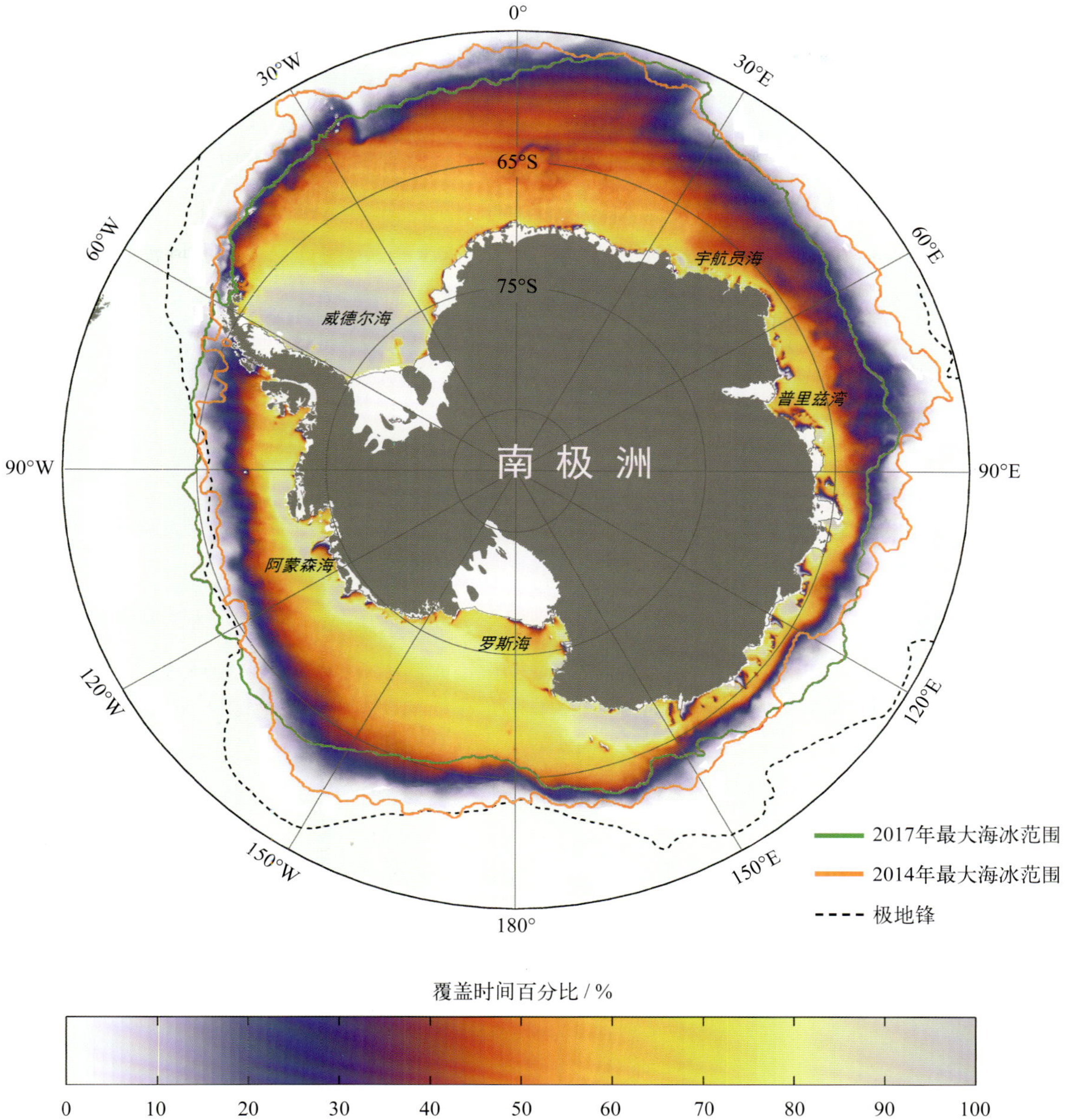

图12　南大洋年度海冰覆盖时间百分比

（改自Spreen et al., 2008）

说　明

1. 罗斯海是多年冰聚集区，其次是阿蒙森海—罗斯海一带和索莫夫海；近岸蓝色部分为冰间湖。

2. 冬季（南半球9月23日）最大海冰覆盖范围：2017年为18.0×10^6 km^2，2014年为历史最大值20.3×10^6 km^2。

4.1.2 海冰变化

南极冬季海冰最大范围在 1979—2012 年间以每 10 年 1.2% ~ 1.8% 的速度增加（IPCC, 2013）；在 2012—2014 年，南极海冰范围持续超过历史最高纪录，并在 2014 年 9 月 19 日，首次超过 20.0×10^6 km^2（达到 20.3×10^6 km^2），成为 1979 年有卫星资料以来的同期最大值①。由图 13 可见，对于不同海域海冰覆盖范围的年际变化，西南极的别林斯高晋海、阿蒙森海、南极半岛邻近海域以及东南极的戴维斯海存在明显的下降趋势，其中最为显著的为别林斯高晋海；而其他海域则存在增加的趋势，其中罗斯海区增加明显。由于增加的面积略大于减少的面积，导致南极海冰总范围呈微弱增加的趋势（King, 2014）。但在 2015 年海冰覆盖范围回落到历史平均水平，之后一直在低位徘徊。

夏季海冰最小范围在 300 km^2 上下波动，到 2017 年 3 月 1 日，南极海冰范围降至当时历史最低点，为 200 km^2，或比年均最低值低 27%（Turner and Comiso, 2017）。而 2022 年 2 月 25 日，2017 年的低值纪录被打破（Simpkins，2023）。尽管存在明显的年际波动，但未来长期下降趋势不可避免（Shepherd et al., 2018）。

无论是通过卫星遥感资料推算还是模式分析，南极海冰厚度和体积均没有特别明显的变化。其中，2010—2021 年间的海冰厚度变化幅度年均小于 0.5 cm/a（Kurtz and Markus, 2012; Holland and Bruneau, 2014; Fons et al., 2023）。

研究表明，海冰变化的主因是大气，但海洋对其季节变化也有重要影响（Hobbs et al., 2016; Zhang et al., 2022）。南极海冰范围和冰量除受南半球极涡②的影响外，也会受到热带和北大西洋增温（King 2014; Li et al., 2014）和厄尔尼诺③的影响（Stuecker et al., 2017）。有研究显示，厄尔尼诺导致的大气环流变化会导致秋季东—西偶极子④的形成，从而减少（增加）罗斯海（阿蒙森海和别林斯高晋海）海冰密集度（Pope et al., 2017）。研究同时发现，威德尔海和阿蒙森－别林斯高晋海海冰在冰情和季节性上存在“跷跷板”效应（Holland, 2014），即一个海域海冰的增加总是伴随着另一个海域海冰的减少。

对于海冰的运动，受强烈北风影响，南极洲周边海冰被持续吹离大陆。但从 1992 年开始，其运动模式有了很大的变化：有的海域海冰并没有被吹离，而有的海域海冰被吹离速率有了显著下降（Holland, 2014），有的海域被吹离的速率增加了 1 倍。对比图 13 和图 14 可见，吹离增速导致海冰覆盖面积的增加，而南极半岛海冰向陆地方向的聚集导致海冰覆盖面积减小，同时导致局域气温的下降。

海冰的变化会导致环境和生态系统的变化。例如，冰架前缘起缓冲作用的海冰消失以及涌浪都会触发冰架的崩解（Massom et al., 2018）；海冰减少和海水升温会导致磷虾栖息地的减少（Hill et al., 2013），并会对企鹅种群产生重要影响（Trathan et al., 1996）。

---

① NASA资料：https://www.nasa.gov/content/goddard/antarctic-sea-ice-reaches-new-record-maximum。

② 南极洲冬季到来时，由于下沉的空气在南极洲的山地受阻，停止环流而就地旋转，吸入冷空气形成一股很强的围绕极地旋转的西向环流。它是极地高空冷性大型涡旋系统，是极区大气环流的组成部分。

③ 指太平洋东部和中部热带海水温度大范围持续异常偏暖，导致全球气候出现异常，造成一些地区干旱而另一些地区又降雨量过多。

④ 用于描述大气和海洋涡旋系统、由一对气旋-反气旋涡旋组成的系统。

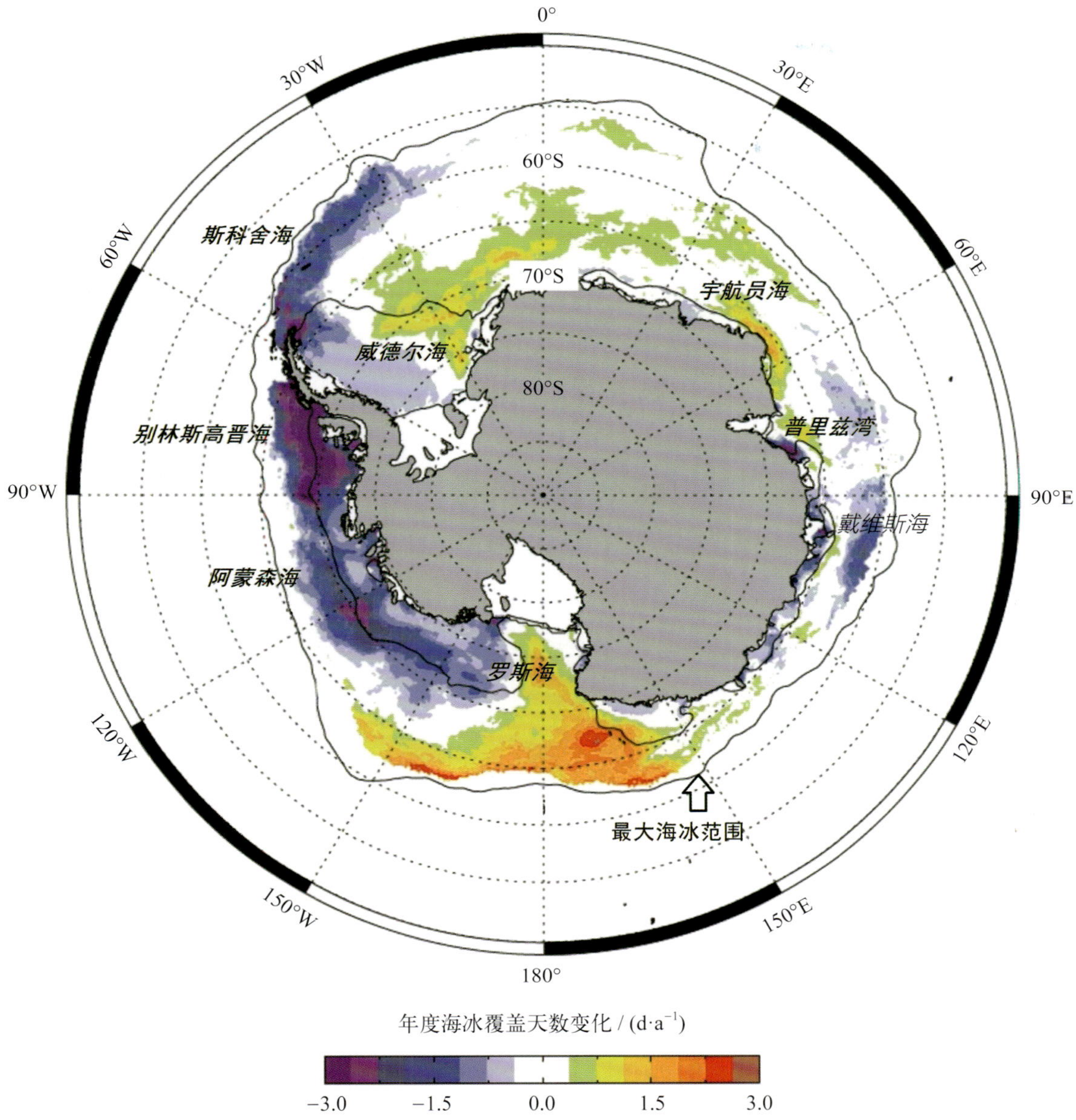

图13　1979—2012年南极海冰覆盖范围的十年际变化

（改自King, 2014）

说　明

1. 从十年际变化而言，海冰减少主要出现在西南极海域特别是别林斯高晋海，而东南极的戴维斯海和普里兹湾外围海域也有一定程度的减少；海冰增加最为明显的是罗斯海及外围海域，其次是威德尔海及其以东海域、宇航员海等海域。

2. 南极大磷虾的分布和丰度与海冰的分布密切相关。斯科舍海是该种群富集区，海冰减少可能会影响磷虾幼体的越冬，从而影响种群数量的补充。

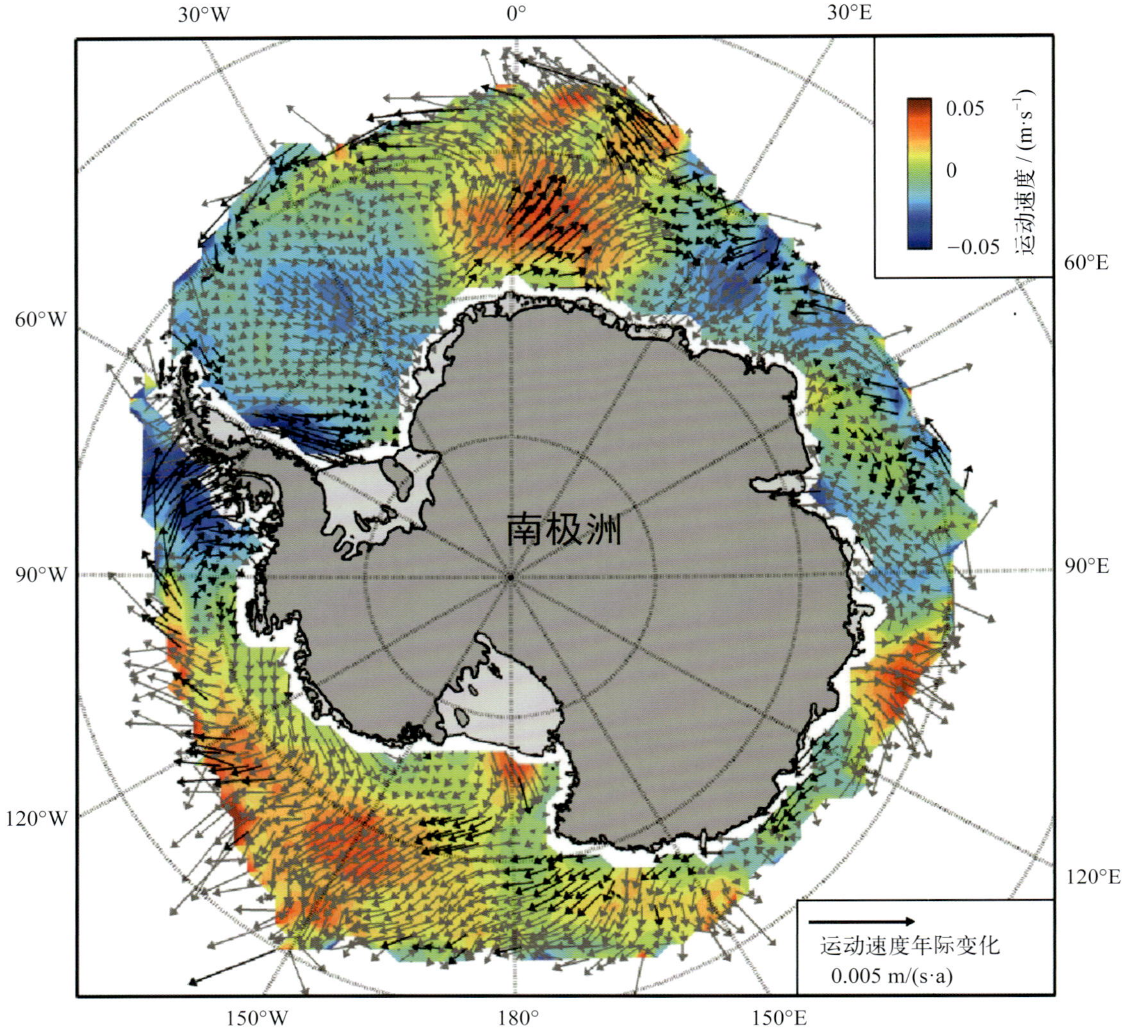

图14　1992—2012年间南大洋海冰平均运动速度

（引自NASA/JPL-Caltech/BAS）

说　明

1. 本图由美国国家航空航天局（NASA）、隶属NASA的加利福尼亚技术所（Caltech）下设的喷气推进实验室（JPL）以及英国南极局（BAS）合作完成（https://www.nasa.gov/topics/earth/features/earth20121112.html）；其中颜色代表海冰运动速率大小，箭头代表运动速度的年际变化大小。

2. 海冰运动会影响海冰融化速率，从而影响局域环境与天气。南极半岛地区曾是南极升温最快的区域。大气过程影响海冰运动，使得大量海冰向南极半岛西海岸聚集，导致近年来该地区气温呈下降趋势。

4.2 海洋水文

4.2.1 锋面与海流

海洋锋面是指特性明显不同的两种或几种水体之间的狭窄过渡带。锋面把大洋分割成若干性质不同的区域。以南半球亚热带锋（STF）为界，由北向南的锋面依次为亚热带锋、亚南极锋（SAF）、极地锋（PF）、绕极流南部锋（SACCF）、南边界（SB）和南极陆坡锋（ASF）（图 15）。各锋面把南大洋划分为亚南极区（SAZ）、极锋区（PFZ）、南极区（AZ）、南区（SZ）、亚极区（SPZ）和陆架区（CZ）。部分研究把极锋区作为亚南极区的一部分，因而极地锋成为南极和亚南极海域的分界线。

极地锋也被称为南极辐合带（AC），是向北的低温南极水与相对较暖的亚南极水的交会带，纬度为 48°—61°S，宽度为 32 ~ 48 km。该锋面由于营养盐的补充，也是浮游植物水华的产生地，因而也是南大洋生物量的重要富集区①。

南大洋最重要的海流是顺时针流动的南极绕极流（ACC），早期称为西风漂流；另外，在陆架区沿岸存在一个较弱、逆时针流动的南极沿岸流，也称东风漂流。

南极绕极流是指受强烈西风驱动、围绕南极洲由西向东顺时针流动的海流，范围为 35°—65°S，其北界为亚南极锋、南界为绕极流南部锋（Nowlin and Klinck, 1986; Orsi et al., 1995）。它是全球最长（24 000 km）和最大（流量：137×10^6 ~ 147×10^6 m^3/s）的海流，也是太平洋、大西洋和印度洋交换的主通道（Carter et al., 2008）。其最窄处是德雷克海峡。极地锋把南极绕极流分割成北部的极锋区和南部的南极区②，其中，极锋区承载了南极绕极流的大部分流量（Shao et al., 2015）。

南极绕极流的存在使得南极与其他大洋隔离，限制了热量向南极输送，从而确保了南极冰盖的存在。它对全球海洋循环、天气、海洋生物地球化学循环以及南极冰盖均有显著的影响（Rintoul, 2018），因而长期以来都是南大洋研究的重点。

受南极绕极流和大陆架的相互作用，在罗斯海和威德尔海分别存在顺时针旋转的罗斯流涡和威德尔流涡。另外，在凯尔盖朗海台以南还存在一个尚未命名的流涡。有研究表明，受全球变暖和南极冰盖融化的影响，罗斯流涡的盐度呈下降趋势（Carter et al., 2008）。

南极陆架区沿岸存在一小股流速很弱、自东向西、与海岸平行的南极沿岸流。该流在德雷克海峡中断，并在威德尔海和罗斯海成为流涡的一部分。沿岸流区是强烈的海－气相互作用区，导致深层对流并形成深海水团。南极底层水和中层水在此获得其基本特质（Tchernia, 1981）。与其他沿岸流相比，它具有长时间海冰覆盖、陆架窄而深以及无河水输入等特点。

① 除极地锋区域外，另一个生物量富集区是春季冰缘区，该区域随着海冰融化由北向南不断变动。

② 亚南极锋和极地锋之间为极锋区，极地锋与绕极流南部锋之间为南极区。

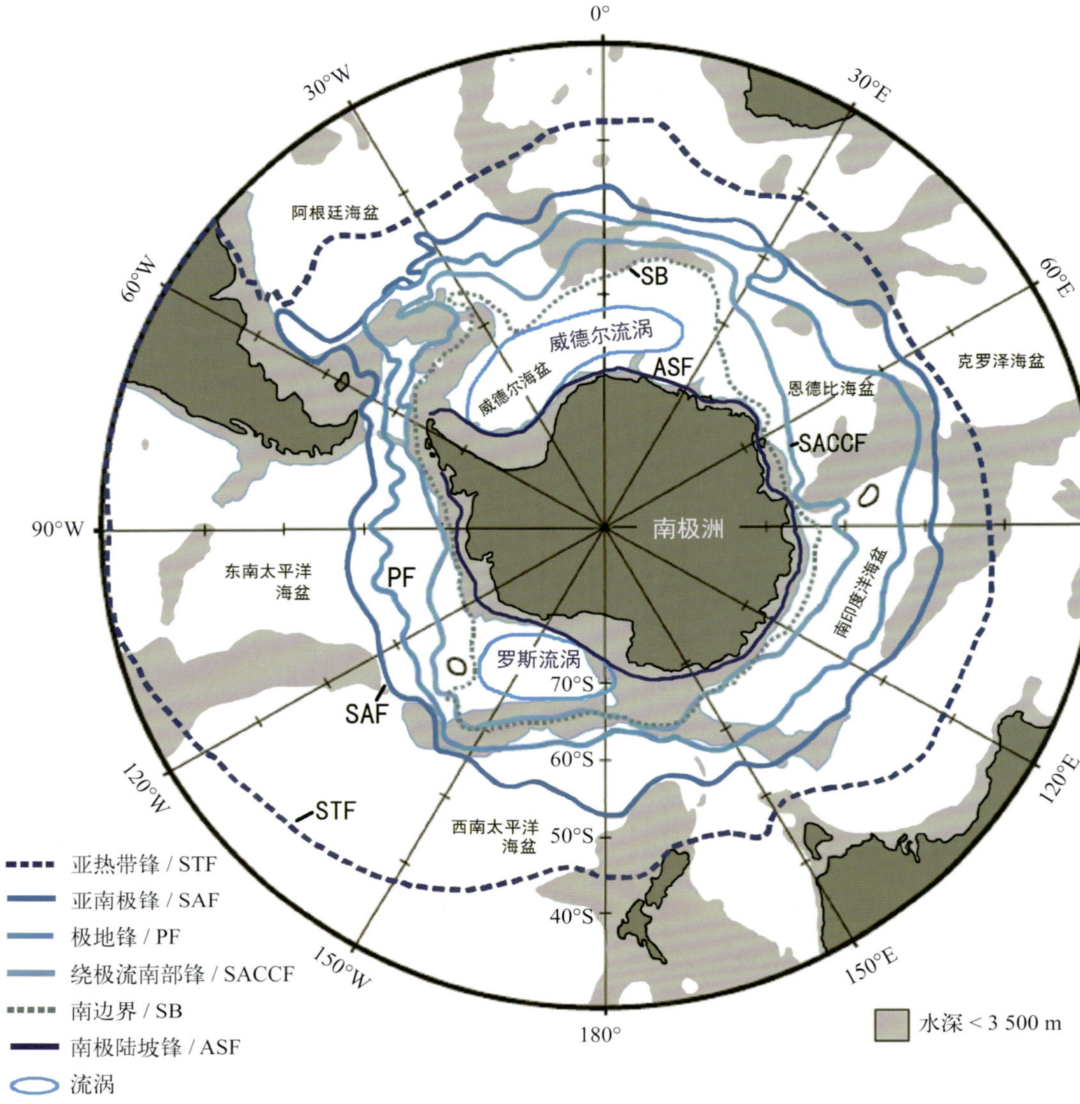

图15　南大洋环流特征

（改自Rintoul et al., 2001; Carter et al., 2008）

说　明

1. 南极海洋学研究习惯把极地锋作为南大洋的北界。
2. 除了最南部的南极陆坡锋的海流是逆时针方向流动外，其他锋面海流和环流均为顺时针方向流动。

4.2.2 海水特性变化

4.2.2.1 海水温度和盐度

南极半岛西侧次表层水存在最大的升温。观测表明，别林斯高晋海、阿蒙森海和南极半岛西侧陆架近岸海域从 1990 年以来每 10 年升温 0.1 ~ 0.3℃（Schmidtko et al., 2014）（图 16），过去 25 年亚南极海域海水升温速率高达每十年 0.29℃ ± 0.09℃（Auger et al., 2021）。若碳排放持续（RCP8.5），至 2100 年，南大洋夏季表层水温预期将平均增温 1.5℃（Intergovernmental Panel on Climate Change, 2014）。

南大洋表层水在最近数十年里盐度降低，促进了水体的稳定性，减少了温度较高的次表层水的上涌。最新模式研究表明，这种海水淡化现象可向北延伸至 55°S，表层海水盐度降低可导致表层海冰降温和海冰增加（Purich et al., 2018）。1982—2008 年，通过海冰向北输运的淡水增加了（20 ± 10）%，这种变化会通过影响深层和表层水的热量、碳和营养盐交换进而影响全球气候（Haumann et al., 2016）。

有模式分析表明，海水升温和盐度下降与 CO_2 人为排放量的增加密切相关，其次是平流层臭氧的衰减（Awart et al., 2018）。

4.2.2.2 CO_2 吸收和海水酸化

海洋酸化是指海水由于吸收了空气中过量的 CO_2，导致海水酸碱度（pH）降低的现象。碳循环模型研究表明，20 世纪上层海洋的翻转循环会导致由海洋向大气的 CO_2 通量增加，而 21 世纪由于翻转循环减弱，这种现象则正好相反（DeVries et al., 2017）。研究同时表明，在 60°—55°S 的亚南极海域，西风增强会带来更多高纬海水与次表层海水混合，从而导致酸化加剧（Xue et al., 2018）。南大洋的酸化会影响上层海洋中文石[①] 质外壳生物的生存（Bednaršek et al., 2012）。模型显示，这种影响在 2030 年前后将会开始快速扩展，到 2060 年将影响约 30% 的海表，到 2100 年将影响超过 70% 的海表（Hauri et al., 2016）。

酸化会降低南极硅藻[②] 对光线的利用效率，从而对其生长产生负面的影响（Hoppe et al., 2015）；酸化同时会不同程度地弱化硅藻的硅化，进而影响硅和碳的垂直输运（Petrou et al., 2019）。而南极棕囊藻（鞭毛藻的一种）对酸化的适应性要强于硅藻（Beszteri et al., 2018），因而酸化会导致南大洋浮游植物群落结构的改变。实验研究表明，高程度的酸化（如 pCO_2 为 2 000 μatm 的实验环境[③]）会导致虾卵无法成功孵化（Kawaguchi et al., 2010）。

---

① 碳酸钙有两种存在形态：文石态和方解石态，属同质多象现象，区别在于文石为斜方晶系，方解石为三方晶系。

② 硅藻为具有上、下两个嵌套硅质壳的单细胞浮游植物，单体或连接成群体，为地球上最重要的微藻，提供全球陆地和海洋植物总产氧量的20%。

③ pCO_2为二氧化碳分压；atm为标准大气压，$1\ atm = 1.013\ 25 \times 10^5\ Pa$。

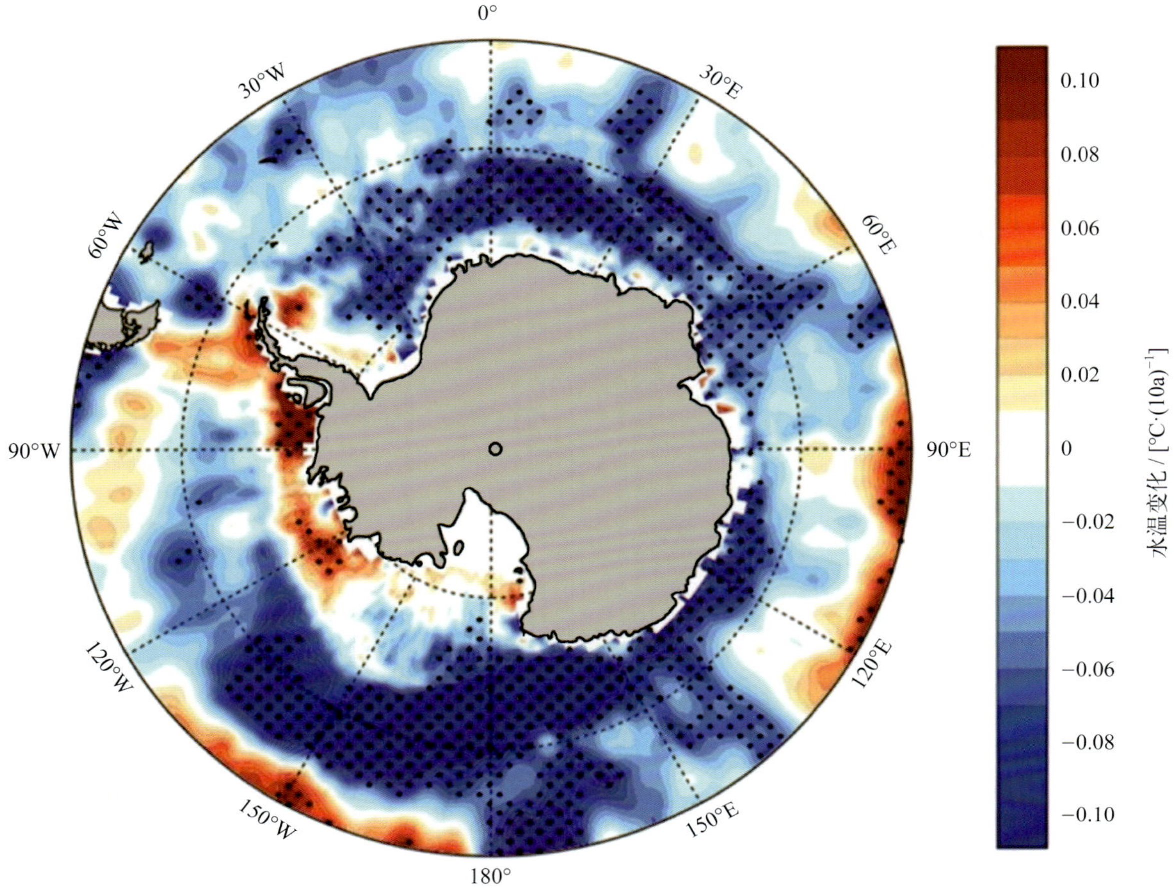

图16　1979—2013年十年际南大洋表层水温变化

（改自Purich et al., 2018）

说　明

1. 图中显示的为十年际的南大洋表层水温变化。

2. 南大洋表层水在西南极（包括南极半岛周边海域、别林斯高晋海和阿蒙森海）近岸海域呈现明显的增温趋势，而在其他海域则呈现降温趋势。

4.3 海底地形与环境

4.3.1 海底地形[①]

南大洋海底地形见图 17。南极周边除罗斯海和威德尔海外，其他海域的陆架均窄而深。陆坡坡度平均为 1.7°，低于全球平均值。

与南极相关的海脊[②]包括太平洋 – 南极海脊，它是东太平洋隆起向南延伸的部分，是太平洋板块和南极板块的分界；东南印度洋海脊，为澳大利亚与南极板块的分界线；西南印度洋海脊，为非洲和南极板块的分界线；南美 – 南极洋中脊或称美洲 – 南极海脊，它是南美板块与南极板块的分界线。

南大洋洋底被海脊分割成三大深水区。大西洋扇区对应的为威德尔深海平原和恩德比深海平原，最大深度为 6 972 m；印度洋扇区对应的为南印度洋海盆，最大深度为 5 455 m；太平洋扇区对应的为别林斯高晋深海平原（也称“东南太平洋海盆”），最大深度为 6 414 m。南大洋仅有一条深海沟，为南桑威奇海沟，最深处为 8 400 m。

4.3.2 海底环境

海底沉积结构较为简单，环绕南极大陆呈同心圆状分布：靠近大陆边缘的内圈有大量的卵石、砾石和冰碛石[③]等冰川海岸沉积物；中圈以硅质软泥为主；靠北界的外圈以钙质软泥为主。

受绕极深层水涌入的影响，西南极阿蒙森海等陆架海底温度要明显高于其他海域。而威德尔海、罗斯海和普里兹湾受大型冰架前缘形成过冷水、强烈气 – 海热通量和海冰形成的影响，海底的温度最低。这些海水作为南极底层水的前体，可通过邻近陆坡沉降至南极深海（Clake et al., 2009）。有研究表明，海底温度变化会导致底栖生物的生长和整个群落结构的改变（Ashton et al., 2017）。

---

① 南大洋仅有约17%的海域有实测的海底地形数据。

② 由板块构造形成、由多个水下山脉形成链状结构的水下山脉系统。它是海底的扩张中心，也是不同板块的分界线。

③ 指冻结在冰川之中、随冰流移动、在冰川融化后于冰川前缘沉积在一起的石块。它和其他沉积物的最大区别是分选性差、大小混合、棱角分明，大多数具有多棱及多面体特征。

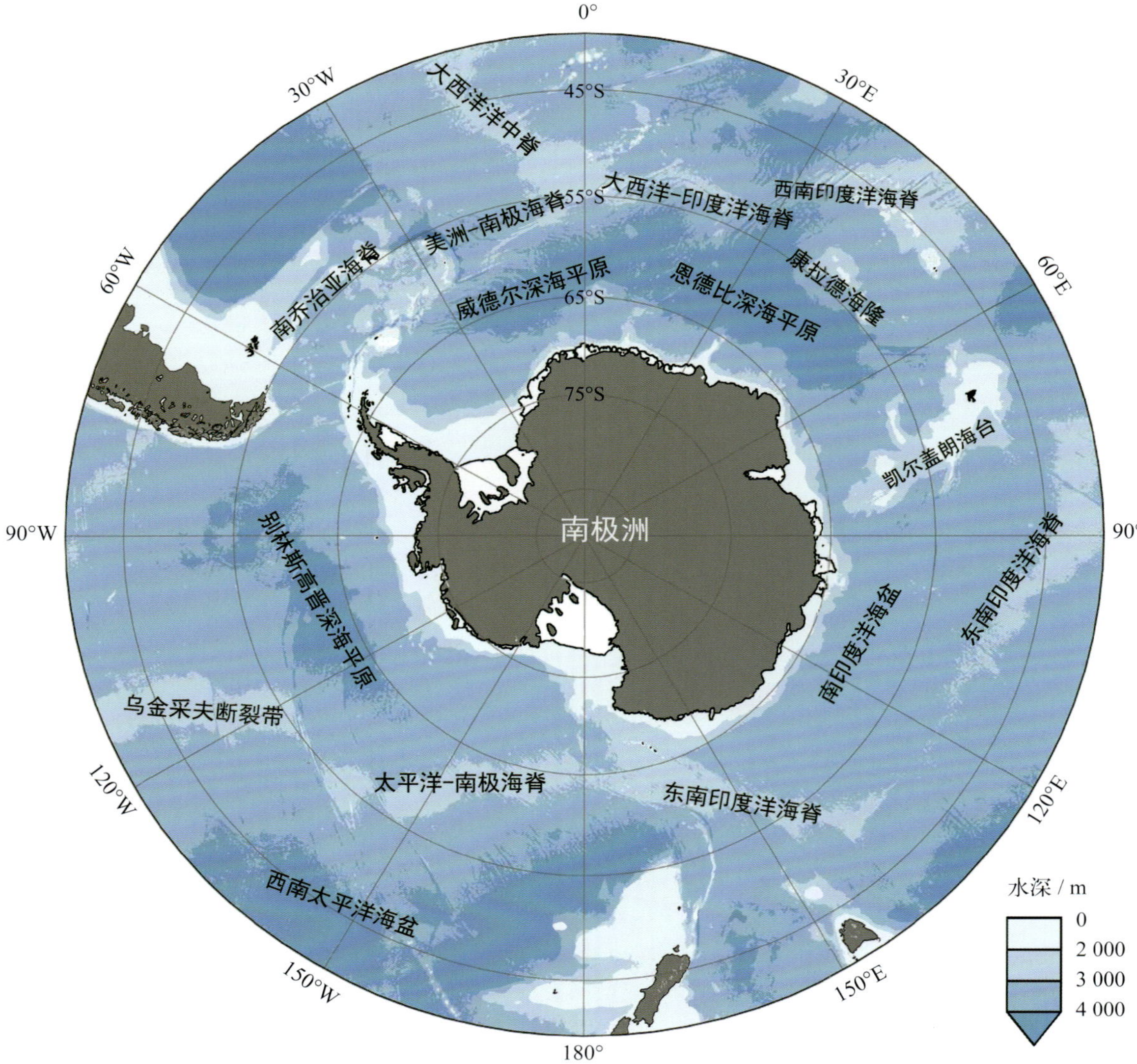

图17　南极及周边海域海底地形图

（底图引自Australian Antarctic Division）

说　明

1. 其他一些不同名称：南印度洋海盆——澳大利亚-南极海盆；乌金采夫断裂带——东太平洋海隆。
2. 斯科特海东部为东斯科特海脊。

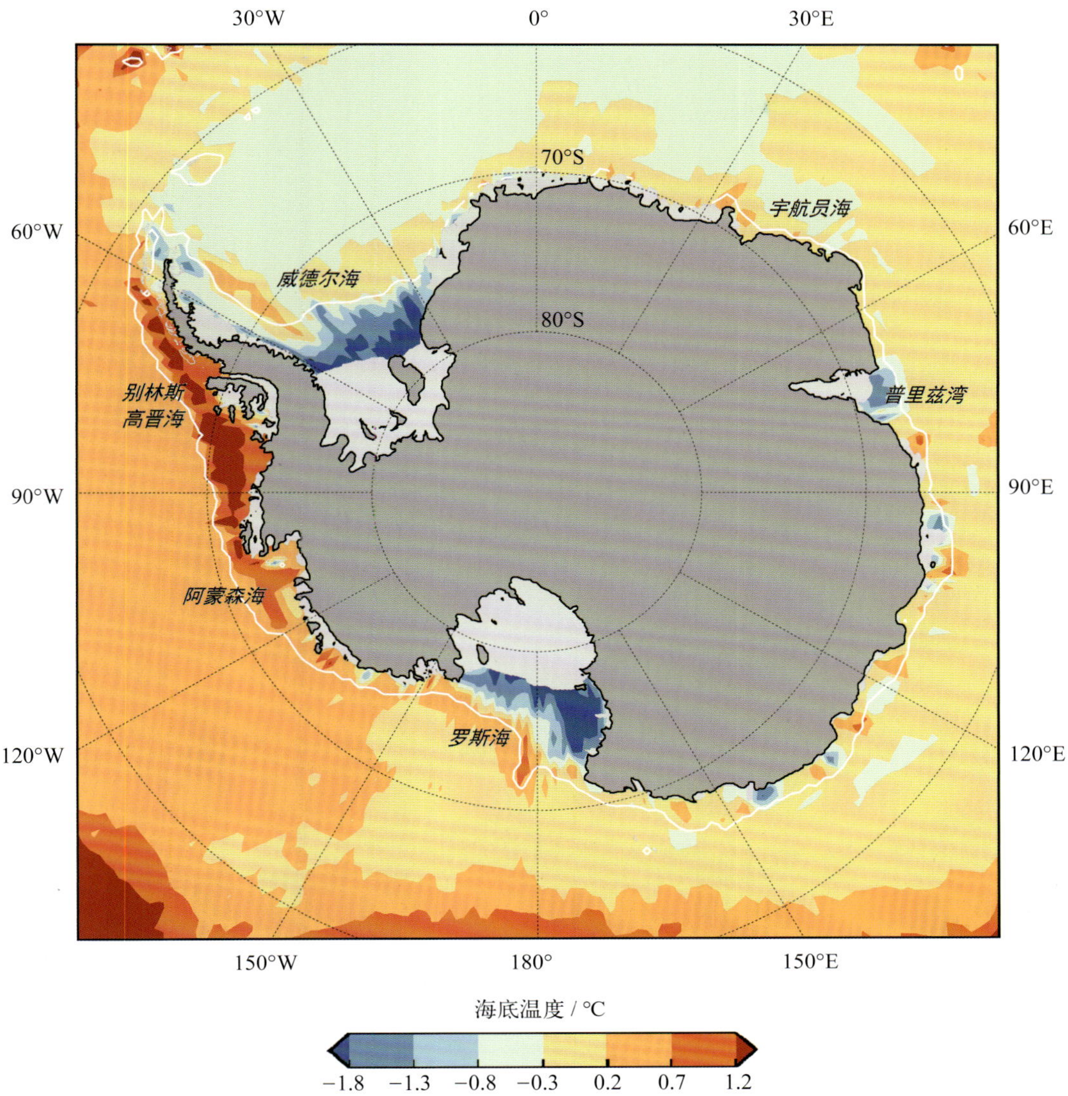

图18　南极海底温度空间分布

（改自Petty, 2014）

说　明

1. 白线为1 000 m等深线。

2. 1 000 m以浅海底温度的差异最为明显，其中罗斯冰架、龙尼-菲尔希纳冰架和埃默里冰架前缘温度在0℃以下，甚至低于-1.8℃，而别林斯高晋海和阿蒙森海则在0℃以上，部分海底温度高于1.2℃。

5 海洋生态系统与生物资源

5.1 初级生产

海洋初级生产指海洋光合生物（海洋微藻等）利用光合作用吸收无机碳合成有机化合物的过程。其中，初级生物量指光合生物现存量，通常用叶绿素含量等来表示；初级产量或生产力指单位时间合成速率①。它是整个南大洋食物网的最初食物来源，同时在调节全球气候的生物地球化学循环中起着关键作用。

南大洋是全球最大的高营养盐低叶绿素（HNLC）海域②。研究表明，除光照外，铁等微量营养盐是支配南大洋初级生产的关键因子（Lance et al., 2007; Charette et al., 2011; Smetacek et al., 2012）。在远离陆源补充的大洋海域，冬季的深层混合可以为表层海水带来深层的铁（Tagliabue et al., 2014）；而在近岸海域，冰山和融水对包括铁在内的陆源物质输运起到至关重要的作用（Hodson et al., 2017）。模型研究显示，小型浮游动物在生物铁循环中起着关键作用，在多数情况下可以完全满足浮游细菌和浮游植物所需③，而须鲸等大型哺乳动物对生物铁循环的贡献则可以忽略（Maldonado et al., 2016）。

南大洋（50°S 以南）的初级产量约为 29×10^8 t C/a④（Moore and Abbott, 2000），其中来自海冰微藻（也称“冰藻”⑤）的初级产量约为 0.4×10^8 t C/a（Arroigo et al., 1997）。尽管南大洋近岸海域的初级生产力要远高于大洋海域，但大洋海域面积宽广，因而贡献了南大洋约 90% 的总初级产量（Arrigo et al., 2008）；其中高生产力海域主要集中在罗斯海、阿蒙森海、别林斯高晋海、威德尔海和普里兹湾陆架区（图 19）。1997—2006 年的研究结果表明，南大洋初级产量并没有出现明显的年际变化（Arrigo et al., 2008）。

卫星观测表明，南大洋水华⑥主要出现在近岸和陆架海域、季节性海冰消退的冰缘以及南大洋主要锋面的附近海域（Moore and Abbott, 2000）（图 19）。另一个高产区是冰间湖区⑦，海洋哺乳动物的繁殖与冰间湖的初级生产密切相关（Paterson et al., 2015）。

南极海冰内部存在一个极端的生物区系（Thomas and Dieckmann, 2002）。尽管南极海冰对南大洋总初级生产的贡献率很低，但在水体生物产量较低的海域或季节，冰藻可以为较高营养级的生物提供关键食物来源，同时部分种类可以作为春季冰缘浮游植物水华的“种子”（Lizotte, 2001）。海冰微生物的存在也为木卫二和土卫二冰封海洋可能的生命形态提供了一种研究思路（Martin and McMinn, 2018）。

可以预见的水温上升、风力增强、海洋酸化、混合层变薄、光线（和紫外线）增强、上升流和营养盐补充的变化、海冰减少、盐度下降以及海洋锋面的南移，均会影响南大洋初级生产（Deppeler and Davidson, 2017）。

---

① 初级生物量类似于草原上的青草量，初级生产力类似于青草生长能力，二者将直接决定高等动物的承载量。

② 指尽管常量营养盐浓度很高但浮游植物丰度并不高的海域。

③ 浮游细菌、浮游植物和浮游动物统称为浮游生物，泛指生活于水中而缺乏有效移动能力的漂流生物。

④ 10^8 t C/a为亿吨碳每年。

⑤ 依托海冰生长的微藻，是南极大磷虾幼体越冬的主要食物来源。

⑥ 指由于水温、盐度、营养盐含量、光照强度等环境条件适宜，浮游植物在很短时间内快速生长而形成极高密度的现象。

⑦ 指海冰区内没有冻结的海域，根据生成的热力学原因通常分为感热型和潜热型，其中感热型冰间湖主要形成于暖水上升流区，而潜热型冰间湖主要受南极下降风或海流的影响而形成。

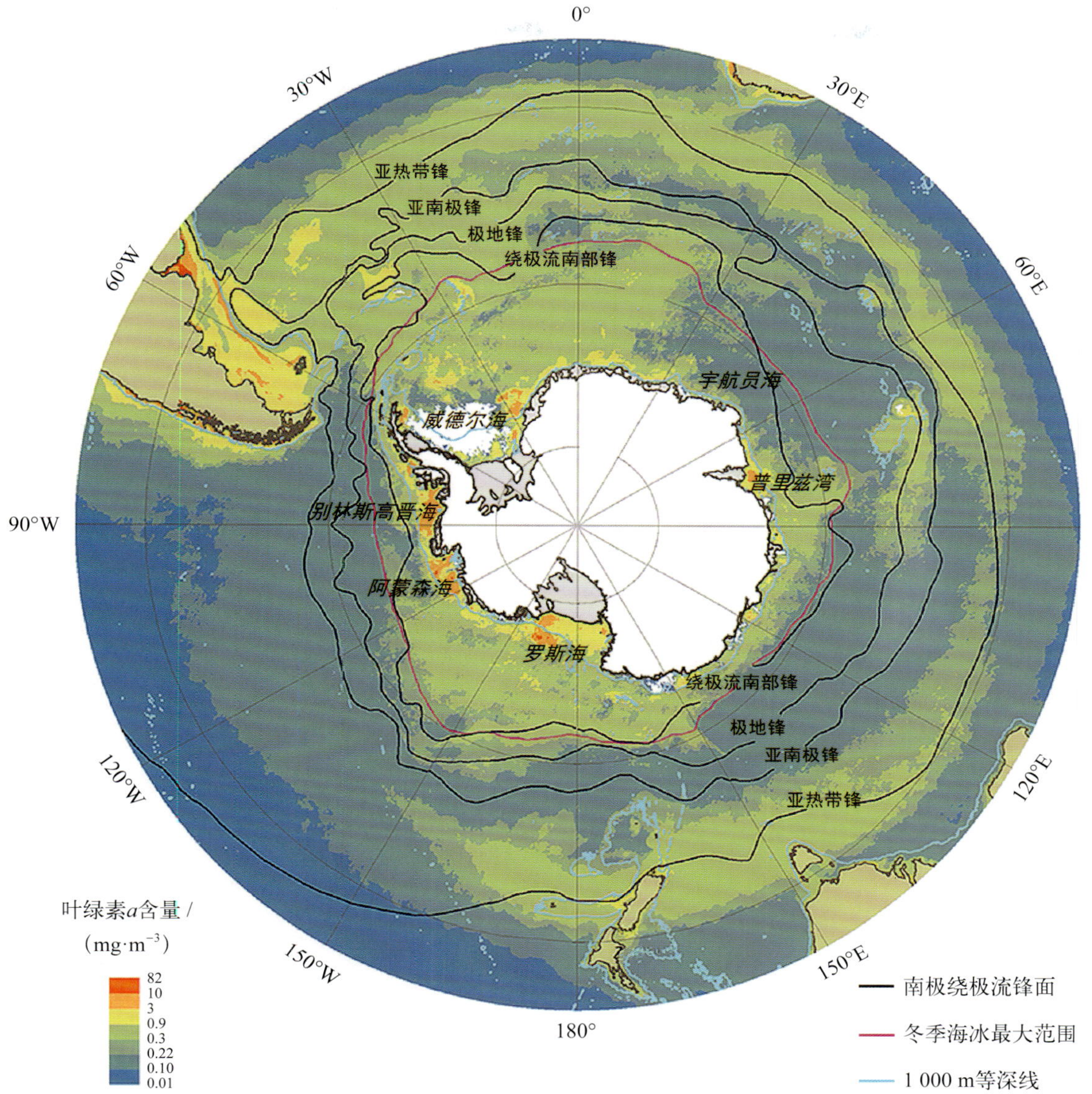

图19　南极夏季近表层叶绿素*a*含量空间分布

（改自Deppeler and Davidson, 2017）

说　明

1. 通过2002/2003年度至2015/2016年度水色卫星高精度影像分光辐射度计获得的数据反演获得。

2. 红线为1979/1980年度至2007/2008年度冬季平均海冰最大分布范围。

3. 近岸高叶绿素海域主要为罗斯海、阿蒙森海、别林斯高晋海、威德尔海东部海域和普里兹湾；大洋高叶绿素海域主要为罗斯海以北海域、威德尔海东北部海域以及普里兹湾外围海域。

5.2 磷虾

磷虾为一类小型甲壳类浮游动物，分类学上属于节肢动物门、甲壳纲、磷虾目、磷虾科，遍布世界各大洋，在南大洋最为丰富。南大洋的优势种为南极大磷虾，近岸陆架海域主要为南极晶磷虾。南极磷虾环南极洲分布，在斯科舍海尤为丰富（图 20）。但模式研究显示，仅南极半岛邻近海域－斯科舍海延续到威德尔海东部－拉扎列夫海、普里兹湾和罗斯海 3 个海域的磷虾存在较高的春夏季生长率（>3 mm / 月），仅南极半岛邻近海域－斯科舍海部分海域磷虾有望长到 60 mm 以上的体长（Murphy et al., 2017）。南极磷虾在南大洋生态系统中起着极为重要的作用，它是南极企鹅、海豹、须鲸、乌贼，以及信天翁等大多数飞鸟的主要食物来源。

南极海洋生态系统不仅仅是一种简单的生产者与捕食者之间的关系，而是一个复杂的、封闭的生态网。例如，南大洋的初级生产主要受铁元素的限制，而鲸可以通过在海洋较深处捕食并上浮至上层排泄来施铁肥，完成把营养物质从较深层带到表层。这些营养物质可以支持浮游植物的生产，从而为磷虾提供更多的食物来源（Hooker , 2018）。

据估算，南大洋中的南极大磷虾总量约为 3.79×10^8 t（Atkinson et al., 2009）①。南极磷虾在培养环境中可存活 8 年之久，在野生环境可存活 3 ~ 4 年，在 2 ~ 3 年性成熟后开始繁殖（CCAMLR 资料）。磷虾种群的年际波动较大，主要取决于幼虾的补充量；而幼虾与海冰关系密切，区域快速增温会导致磷虾分布区域的减少和南移，从而对整个南大洋生态系统产生影响（Hill et al., 2013 ；Atkinson et al., 2019; Yang et al., 2020）。在过去的 90 年里，南极半岛邻近磷虾种群中心区已向南移动了约 440 km，而幼体数量从 1970 年起明显下降（Atkinson et al., 2019）。南大洋的海洋酸化也可能降低磷虾卵的孵化率，从而影响整个磷虾种群（Kawaguchi et al., 2013，图 21）。

磷虾捕捞始于 20 世纪 70 年代，1981/1982 年度达到 521 694 t 的历史峰值；受苏联解体的影响，1992/1993 年度捕捞量锐减至 60 783 t，之后呈逐步回升趋势。目前，磷虾年捕捞量已恢复上升至 200 000 t 以上。

磷虾捕捞受 CCAMLR 捕捞配额的限制，现有配额主要集中在 48 区（48.1/48.2）和 58 区（58.4.1/58.4.2），48.6 区为探捕区。2017/2018 年度，48 区的总配额为 620 000 t，58 区的总配额为 308 500 t（CCAMLR 资料）。但从经济效益的角度考虑，1996 年以来，磷虾捕捞仅集中在 48 区的南极半岛近岸海域，因而可能会对局域生态造成负面影响，为此，来自挪威、智利、韩国和中国的全球五大磷虾捕捞公司已同意从 2020 年起停止在南极半岛“生态脆弱”的海域捕捞磷虾。

CCAMLR 在 2019 年初组织了 6 艘科学考察船，对磷虾富集区——斯科舍海的磷虾资源进行了为期两个月的系统调查，而之前一次对该海域的大规模调查在 2000 年（Stokstad, 2019）。

① 相关估算主要依据历史资料中200 m上层海域，但实际上磷虾也有分布在更深的海域，因而该储量可能被低估。

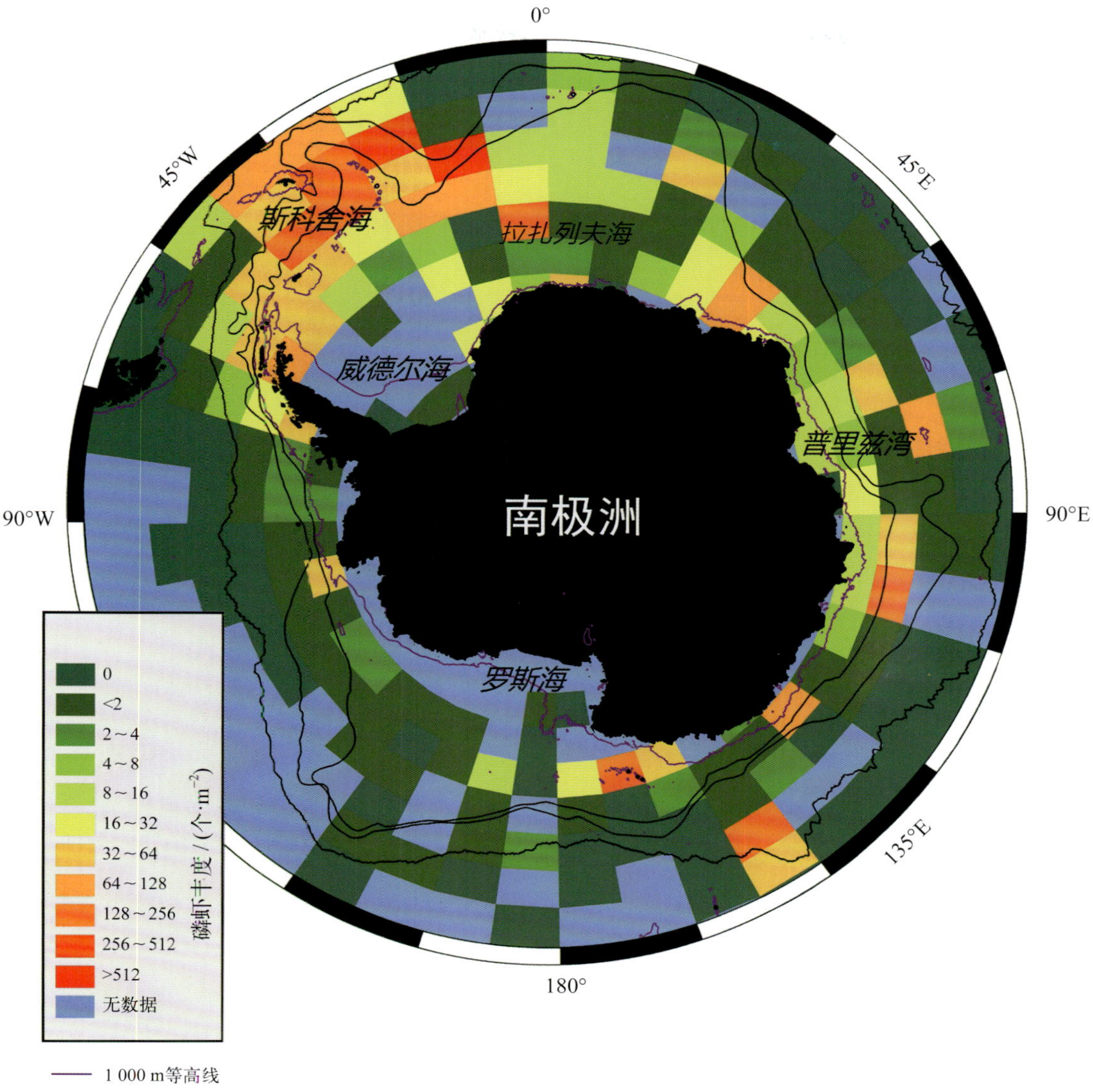

图20　南极大磷虾丰度分布

（数据资料引自BAS Krillbase）

说　明

1. 本图数据引自英国南极局的磷虾基础数据库项目（BAS Krillbase，https://www.bas.ac.uk/project/krillbase），该项目是一个由美国、英国、德国、乌克兰、澳大利亚、南非、日本、波兰、西班牙、挪威和智利参与的磷虾数据抢救和收集项目，2016年发布第一个数据库，收集了1926—2016年上述国家采集的12 880组现场调查网样数据。

2. 南极磷虾密度最高海域为威德尔海以北的斯科舍海及其以东海域；其次是西南极的南极半岛周边海域以及东南极的宇航员海、合作海、普里兹湾、戴维斯海和索莫夫海等。

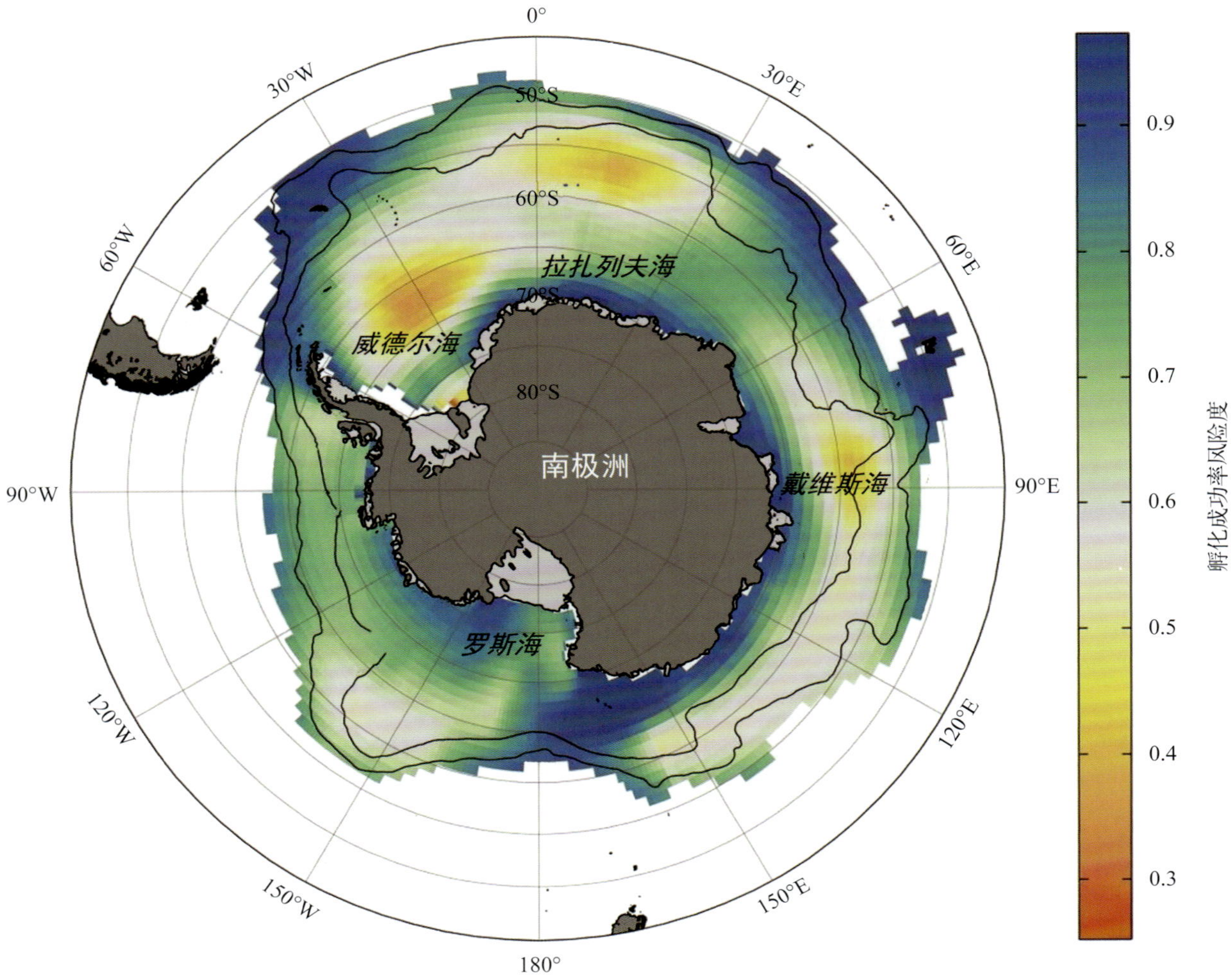

图21　RCP8.5情景下2100年南极磷虾孵化成功率风险度分布

（引自Kawaguchi et al., 2013）

说　明

1. RCP为典型浓度路径，是指联合国政府间气候变化专门委员会（IPCC）评估报告中设定的情景，RCP8.5是指到2100年时，空气中的CO_2浓度要比工业革命前的浓度高3～4倍这一情景。

2. 图中显示，在RCP8.5情景下，到2100年南极威德尔海和拉扎列夫海（哈康七世海）最有可能成为磷虾孵化的高风险区。

5.3 鱼类

南极有超过 200 种鱼类，主要分布在陆架海域。其中种类最多的为生活在沿岸海域的鲉形目狮子鱼科，其次为同样生活在南极近岸海域的鲈形目南极鱼亚目南极鱼科。鲈形目南极鱼亚目除南极鱼科外，还有阿氏龙𫚥科、渊龙𫚥科、鳄冰鱼科和裸南极鱼科 4 个科[①②]。研究表明，高纬海域鱼类种类要远低于热带海域，但其物种形成速率却是热带海域的两倍（Rabosky et al., 2018）。

其中狮子鱼科为世界广布种，南极有 70 种（Eastman, 2005）。南极鱼科分布于南极近岸海域，共有 14 属 58 种（Kock and Kellermann, 1991）；阿氏龙𫚥科为深海种类，包含 4 属 30 种；渊龙𫚥科为深海种类，包含 11 属 17 种；鳄冰鱼科分布于南极和南美海域，包含 11 属 25 种；裸南极鱼科分布于南大洋、西南太平洋、西南大西洋和印度洋，其中南大洋有 1 属 11 种[③]。

南极鱼亚目的种类有时也称为冰鱼，其中许多种类在它们的血液和器官中含有抗冻蛋白，以确保能够在低于 0°C 的海水中生存。南极狮子鱼科种类也含有抗冻蛋白。

鳄冰鱼科种类因其血液不含血红蛋白而呈透明状态。这些鱼类具有较高的心排血量、血液量、氧吸收率和较低的代谢率（Thomas et al., 2006）。代表性种类为裘氏鳄头冰鱼，主要分布在南乔治亚岛（48.3 区）、赫德岛和麦克唐纳群岛（58.5.2 分区）400 m 以浅的近岸海域。在 20 世纪 70—80 年代被过度捕捞，1982/1983 年度捕捞量超过 20×10^4 t（207 275 t），加上每年的产量很不稳定，在 20 世纪 90 年代初期被禁止商业捕捞[④]。目前仅保留探捕以评估资源量，2017/2018 年度的捕捞配额为 5 259 t。

南大洋现有的 3 个经济鱼种均来自南极鱼科：鳞头犬牙南极鱼（莫氏犬牙南极鱼）、小鳞犬牙南极鱼和侧纹南极鱼（南极银鱼）。

鳞头犬牙南极鱼和小鳞犬牙南极鱼为南极鱼科犬牙南极鱼属，其中前者主要分布于南极近岸海域，而后者主要分布于较为温暖的亚南极海域（图 22）。犬牙南极鱼为底栖鱼类，在水深 100 ~ 3 000 m 的海底均有分布，东南极鳞头犬牙南极鱼最高捕捞率集中在 1 000 ~ 1 700 m，其分布与地形、温盐和海冰等相关（Yates et al., 2019）。2017/2018 年度的捕捞总配额为 18 071 t，其中稳定捕捞 13 050 t，探捕 4 958 t，研究性捕捞 63 t。小鳞犬牙南极鱼的捕捞海域主要为 58.5 区和 48.3 区，鳞头犬牙南极鱼的捕捞海域主要在 88 区[④]。2011—2016 年年均实际捕捞量，小鳞犬牙南极鱼为 11 300 t，鳞头犬牙南极鱼为约 4 000 t。

---

① 生物学分类单位从大到小分别为界、门、纲、目、科、属、种，其中种是最小单位。以人为例，其分类为动物界-脊索动物门-哺乳纲-灵长目-人科-人属-智人种。

② 鲈形目：世界上鱼类种类最多的一目，共有超过10 000个种，几乎在所有的水中生态环境都有出现。

③ 源自Fishbase数据库：https://www.fishbase.de。

④ https://www.ccamlr.org。

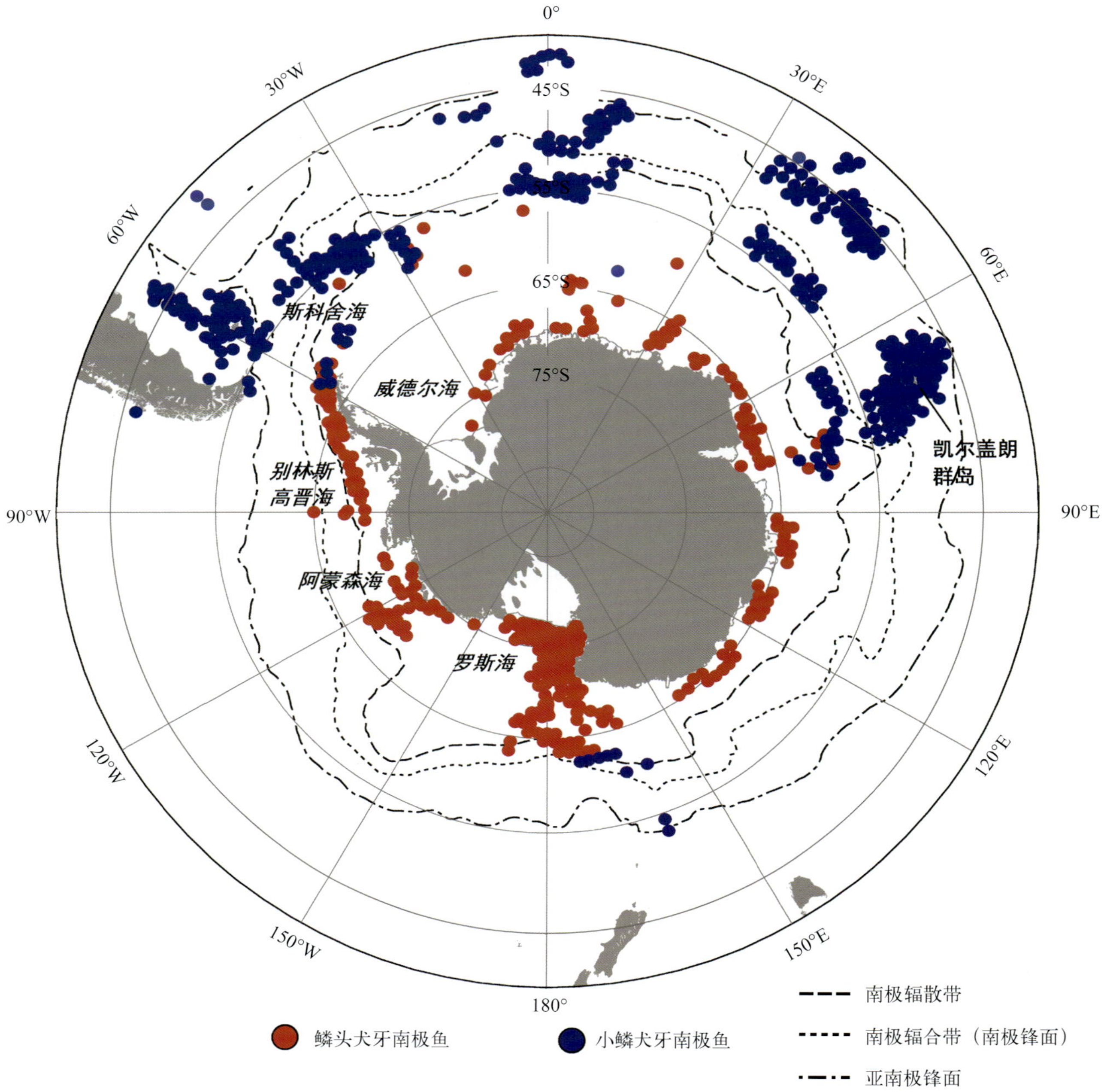

图22　犬牙南极鱼分布

（改自DuhDuhamel et al., 2014）

说　明

1. 小鳞犬牙南极鱼主要分布在南极辐合带以北的亚南极岛屿和海台附近海域；鳞头犬牙南极鱼主要集中在南极辐合带以南的罗斯海和南极洲近岸海域。

5.4 企鹅

企鹅属动物界、脊索动物门、鸟纲、企鹅目、企鹅科，主要分布在南半球。在南极大陆上繁殖[①]的企鹅包括帝企鹅、阿德利企鹅、帽带企鹅、金图企鹅和马可罗尼企鹅（或浮华企鹅），总数至少为 5 700 000 对（Naveen and Humphries, 2017）。其中，帝企鹅是唯一在南极大陆常住并越冬繁育后代的企鹅，而阿德利企鹅则为数量最多、最常见的企鹅，这两种企鹅环南极洲分布；其余 3 种企鹅则主要集中在南极半岛甚至亚南极地区繁殖。

受南极半岛地区升温的影响，阿德利企鹅数量总体上呈现显著下降趋势，马可罗尼企鹅数量在部分区域呈现明显下降趋势，而金图企鹅则呈上升趋势；而在东南极和罗斯海地区，阿德利企鹅数量则有所上升（Naveen and Humphries, 2017）。研究表明，南极半岛西侧海域在高强度磷虾捕捞和冬季高温少冰的年份，来年企鹅种群数量会呈现明显的下降趋势（Krüger et al., 2020）。

5.4.1 帝企鹅

帝企鹅在分类上属于王企鹅属，是南极体型最大、唯一在南极大陆越冬繁育后代的企鹅。体重为 23 ~ 45 kg，身高为 110 ~ 130 cm；主要食物为鱼、磷虾和乌贼等，主要威胁来自豹海豹和逆戟鲸[②]，贼鸥则会威胁企鹅蛋和幼体。南极极夜期间由雄性帝企鹅负责孵卵，通常认为期间帝企鹅有 115 d 的禁食期，但也有极夜期间在近岸海域觅食的现象（Knight, 2018）。

帝企鹅环南极洲分布（图 23 和图 24），但不同于其他海洋捕食者存在区域生物地理分布，帝企鹅在全南极洲为明显的基因同源，不同繁殖地的基因型仅有约 0.5% 的差异（Cristofari et al., 2016）。目前，通过现场、航空和卫星遥感发现的帝企鹅总量约为 256 500 对[③]（Fretwell et al., 2012；Thathan et al., 2020）。

气候变化影响帝企鹅类群。以东南极阿黛利地帝企鹅群为例，20 世纪 70 年代后期，非正常增温和海冰减少，使得帝企鹅数量下降了 50%（Barbraud and Weimerskirch, 2001）；而模式研究显示，随着增暖事件频率的增加，到 2100 年，该类群出现准灭绝（数量下降不低于 95%）的概率不低于 36%（Jenouvrier et al., 2009）。相关模式表明，至 2100 年至少有 2/3 的聚集区该类群数量将下降 50% 以上，总量至少下降 19%（Jenouvrier et al., 2014）；并且若不能减缓全球变暖，该类群数量下降将不可避免（Thathan et al., 2020）。帝企鹅于 2012 年被世界自然保护联盟（IUCN）从红色名录中的低危物种调整到易危物种。

① 在南极辐合带以南、亚南极岛屿繁殖的企鹅有王企鹅和喜石企鹅等。马可罗尼企鹅多数在亚南极岛屿繁殖。
② 也称虎鲸，海豚科、虎鲸属动物，全球大洋广布种，为高度社会化大型齿鲸和海洋食物链顶端捕食者。
③ 现有聚集区54个，书中统计的帝企鹅数量不含幼体、非繁殖个体以及2014年后发现的小群体。

5.4.2 阿德利企鹅

阿德利企鹅在分类上属于阿德利企鹅属，大约在 1 900 万年前独立成种（Baker et al., 2006），是环南极分布、数量最多的一种企鹅（图 25 和图 26）。夏季在南极沿岸进行繁殖。体重为 3.6 ~ 6.0 kg，身高为 46 ~ 71 cm；主要食物来源是南极磷虾和银鱼，主要威胁来自豹海豹、巨海燕、贼鸥和逆戟鲸。研究表明，受历史上大量捕杀毛海豹和鲸对生态系统的影响，大约在 200 年前，阿德利企鹅的主要食物由以鱼为主转为以磷虾为主（Emslie and Patterson, 2007）。

据现场和卫星遥感观测统计，南极洲共有 251 个繁殖群、3 790 000 对阿德利企鹅，其中约 21% 分布在南极半岛、约 33% 分布在罗斯海、约 30% 分布在东南极（Lynch and LaRue, 2014）。因卫星遥感等新技术的广泛应用，总数量比 20 年前的统计结果高出了 53%。

研究表明，气候变化会对阿德利企鹅的繁殖造成负面影响（图 25）。研究模型显示，由于升温和湿度增加，至 2060 年，平均 36% 的企鹅栖息地会受到影响，而至 2099 年受影响的企鹅栖息地则会增加至 58%（Cimino et al., 2016）。我国科学家通过对沉积物中历史记录的分析也得出，增温导致的局域雨水增加，会威胁阿德利企鹅的生存（Gao et al., 2018）。

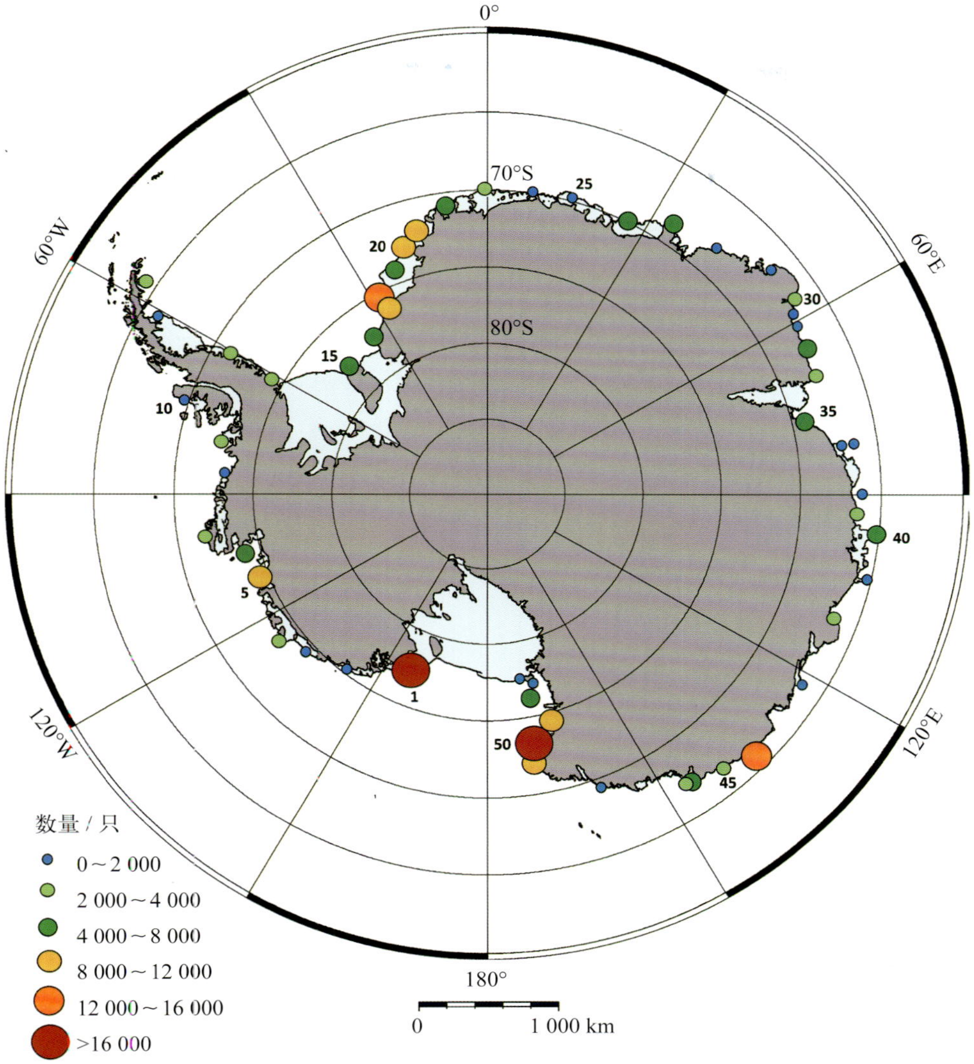

图23　南极帝企鹅繁殖群及其数量分布

（参见Trathan et al., 2020）

说　明

1. 帝企鹅主要集中在罗斯海西岸以及威德尔海东岸，最大聚集区为罗斯海西岸的库尔曼岛（25 298只）。

2. 南极洲沿岸54个帝企鹅聚集地：1－科尔贝克角、2－鲁珀特海岸、3－莱达湾、4－瑟斯顿冰川、5－熊号半岛、6－布朗森群岛、7－诺维尔半岛、8－布赖恩海岸、9－斯迈利岛、10－罗思柴尔德岛、11－斯诺希尔岛、12－拉森冰架、13－多尔曼岛、14－史密斯半岛、15－古尔德湾、16－卢伊特波尔德海岸、17－哈雷湾、18－道森－兰顿冰川、19－斯坦科姆－威尔斯冰川、20－德雷舍尔口、21－里瑟－拉森冰架、22－阿特卡湾、23－萨纳、24－阿斯特里德海岸、25－拉扎列夫冰架、26－朗希尔德、27－里瑟－拉森半岛/甘纳勒斯浅滩、28－梅干岩、29－阿蒙森湾、30－克洛角、31－福尔德岛、32－泰勒冰川、33－奥斯特、34－达恩利角、35－阿曼达湾、36－巴里尔湾、37－西冰架、38－伯顿冰架、39－哈斯韦尔岛、40－沙克尔顿冰架、41－鲍曼岛、42－彼得森浅滩、43－萨布里纳海岸、44－迪布尔冰川、45－地质学角群岛、46－默茨冰川、47－默茨折断、48－戴维斯湾、49－罗热角、50－库尔曼岛、51－华盛顿角、52－富兰克林岛、53－蒲福岛、54－克罗泽角。

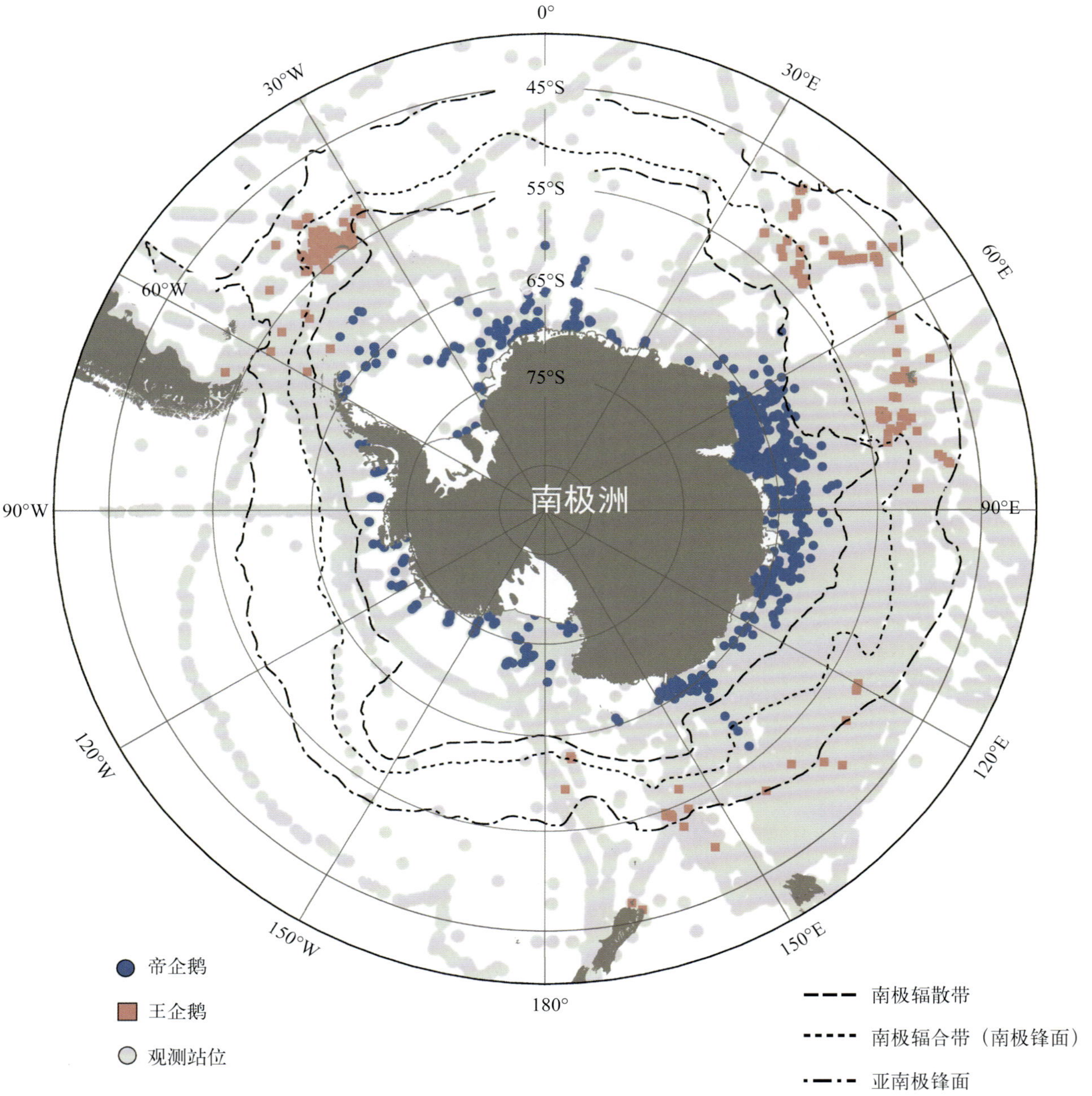

图24　帝企鹅和王企鹅在南大洋的活动范围示意图

（引自Ropert-Coudert et al., 2014）

说　明

1. 蓝点为考察期间曾观测到帝企鹅的站位点，除个别站点，几乎全集中在南极辐合带以南海域；王企鹅是亚南极种类，因而主要出现在亚南极岛屿周边海域。

2. 帝企鹅在东南极海域出现的频率最高，但密度与观测频率有关，不代表实际的分布密度。

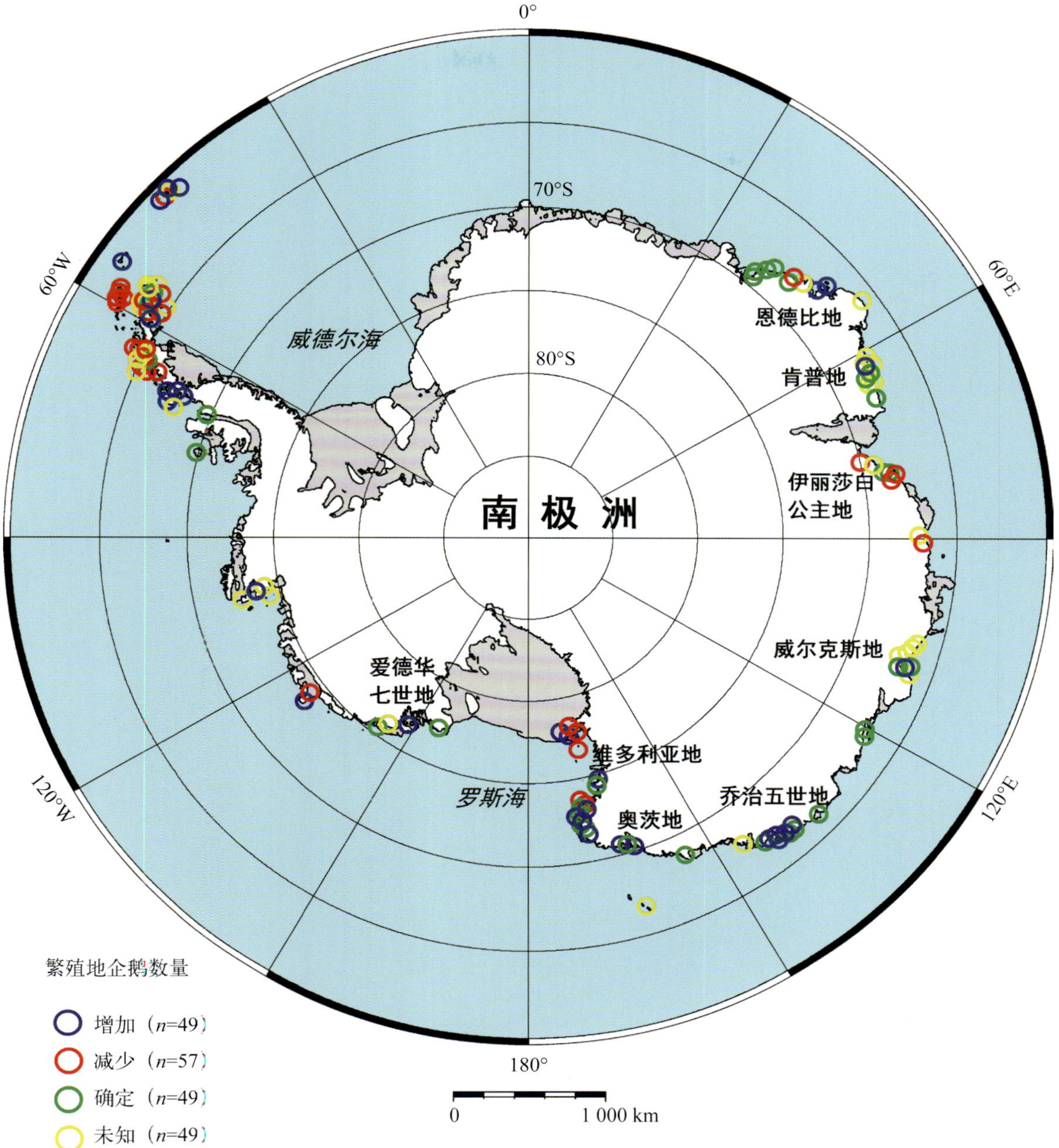

图25　南极地区阿德利企鹅繁殖群分布及其企鹅数量变动

（参见Cimino et al., 2016）

说　明

1. 整体而言，企鹅数量减少的栖息地要多于数量增加的。

2. 增加最为显著的位于维多利亚地和阿黛利地；减少最为显著的位于南极半岛西北沿岸和南设得兰群岛。南极半岛地区企鹅数量减少的繁殖群要多于数量增加的。

3. 中山站所在的伊丽莎白公主地有3个繁殖群企鹅数量减少、2个数量稳定。

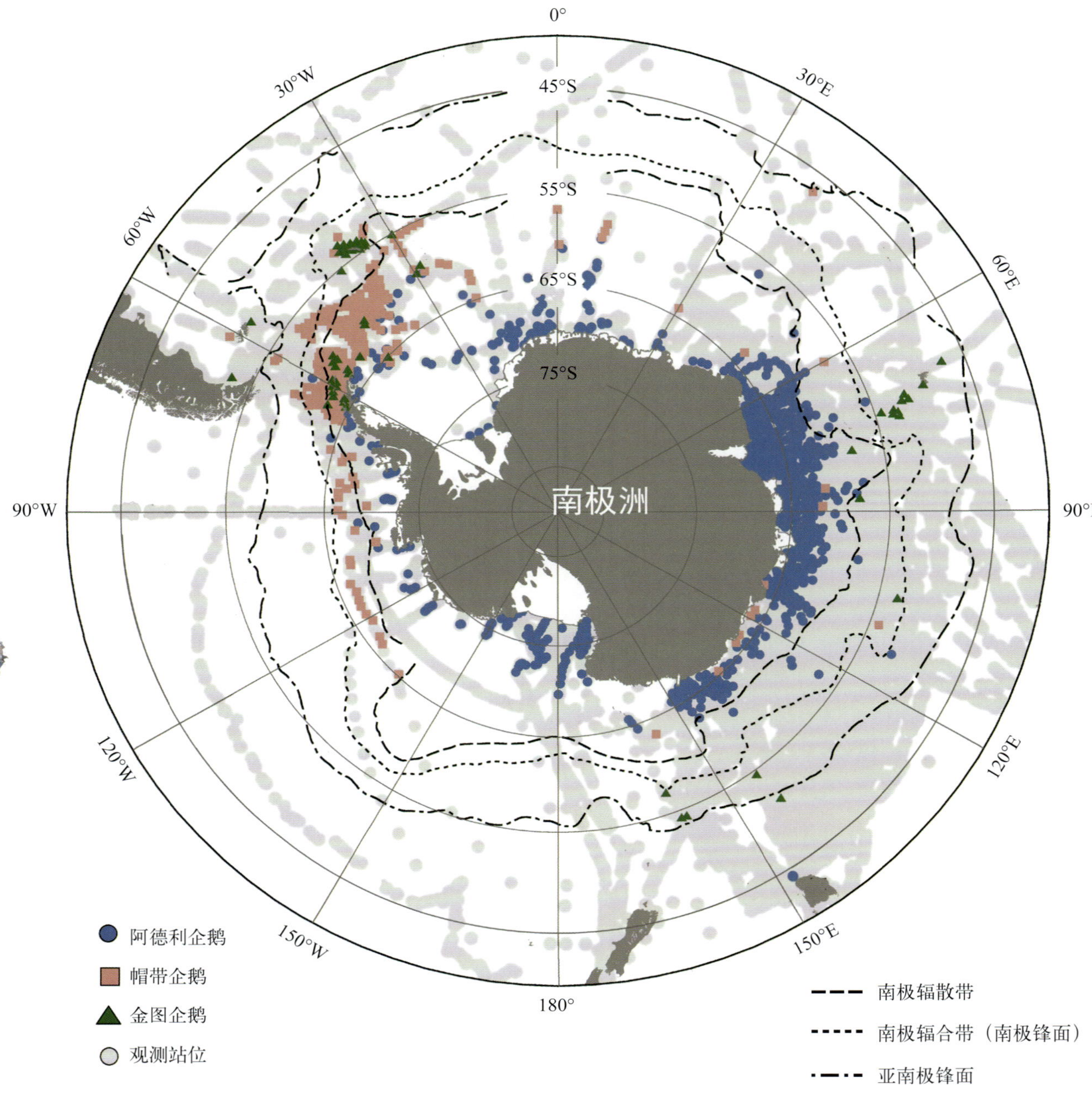

图26　阿德利企鹅、帽带企鹅和金图企鹅在南大洋的活动范围示意图

（参见Ropert-Coudert et al., 2014）

说　明

1. 蓝点为考察期间曾观测到阿德利企鹅的站位点，除个别站位点，几乎全集中在南极辐合带以南海域，活动区域与帝企鹅基本一致。

2. 阿德利企鹅在东南极海域观测到的频率最高，但需要说明的是，密度与观测频率有关，不代表实际的分布密度；帽带企鹅主要集中在亚南极南设得兰群岛周边海域和斯科舍海。

5.5 鲸

鲸属动物界、脊索动物门、哺乳纲、鲸目，鲸目分为须鲸和齿鲸两个亚目。须鲸无齿、两侧腭部至咽部具梳齿状排列的角质须板，齿鲸具圆锥状牙齿。南大洋须鲸主要有南极小须鲸、南蓝鲸、长须鲸、弓背鲸、南露脊鲸和小须鲸（小鳁鲸）等①，主要以南极磷虾和其他浮游动物为食；齿鲸包括抹香鲸、虎鲸、长鳍领航鲸和喙鲸等，主要以乌贼等为食物。南半球的鲸冬季在温带或热带地区繁殖、夏季前往南大洋觅食。在经历南大洋大规模的商业捕鲸后，鲸数量断崖式下降，1982 年，国际捕鲸委员会（IWC）禁止了所有大型鲸以及小须鲸和虎鲸的商业捕捞，1994 年建立了南大洋鲸类保护区（SOWS）。目前，南大洋鲸的数量正在逐步恢复之中，但南蓝鲸和小须鲸在世界自然保护联盟（IUCN）红色目录中仍属于濒危物种。有研究表明，海水升温会影响种群恢复（Agrelo et al., 2021）。常见鲸类如下：

（1）南极小须鲸。须鲸中体型最小、南极分布最广的一种，在 10°—20°S 海域越冬，夏季喜欢在南大洋浮冰区内或冰缘附近活动。主要以南极大磷虾为食，但也摄食晶磷虾等南极近岸磷虾种类。20 世纪 70 年代，大体型鲸几乎被捕捞殆尽，该物种成为主要捕捞对象，直到 1986 年商业捕鲸被禁止。现有数量约 50 000 头（International Whaling Commission, 2013）。

（2）南蓝鲸。体型最大的鲸类，体长可达 30 m、体重近 200 t。环南极分布（图 27），夏季主要集中在冰缘附近海域，通过滤食磷虾获取食物；冬季迁徙至较低纬度海域，部分滞留在南极周边海域。该种类数量从商业捕鲸兴起前的 23.9 万头（1904 年）迅速下降到 1973 年的约 730 头。目前约有 2 700 头，年增长率为 7.3%（Ropert-Coudert et al., 2014）。

（3）长须鲸。体型第二大的鲸类，环南极分布（图 27）。尽管可以出现在高纬冰缘区，但比南极小须鲸和南蓝鲸均要远离海冰，分布在更北的海域（北至 45°S）。该类群在 20 世纪曾被过度捕杀，数量高达 700 000 头，估算现存量为 4 000 ~ 8 000 头，南极半岛海域已重现觅食鲸群（Herr et al., 2022）。

（4）抹香鲸。体型最大、潜深最深的齿鲸，全球海洋分布，主要以乌贼为食，也捕食包括鲨鱼及犬牙鱼等中层和大型底栖鱼类。雌性成体通常分布在 40°S 以北海域，雄性成体通常分布在 66°S 以南海域，返回温暖水域进行交配。南极海域抹香鲸主要出现在 12 月，有时出现在 11 月和 3—5 月（Miller and Miller, 2018）。全球现有总数达数百万头，南极海域约 10 000 头。

（5）虎鲸。全球海洋分布，依据体型、食物和分布可分为多个生态类型，在南大洋分布广泛。群体活动，以鱼、乌贼、企鹅、海豹甚至其他鲸类为食，无天敌。极地峰以南海域种群数量约为 80 000 头（Ropert-Coudert et al., 2014）。以前认为该类群在远离浮冰的海域生活，现在发现其应该是唯一能在冬季期间在南极海域活动的鲸类②。

---

① 20世纪90年代，通过线粒体DNA分析，南极小须鲸作为独立物种从小须鲸类群独立出来。

② https://www.antarctica.gov.au/about-antarctica/animals/whales/killer-whale/。

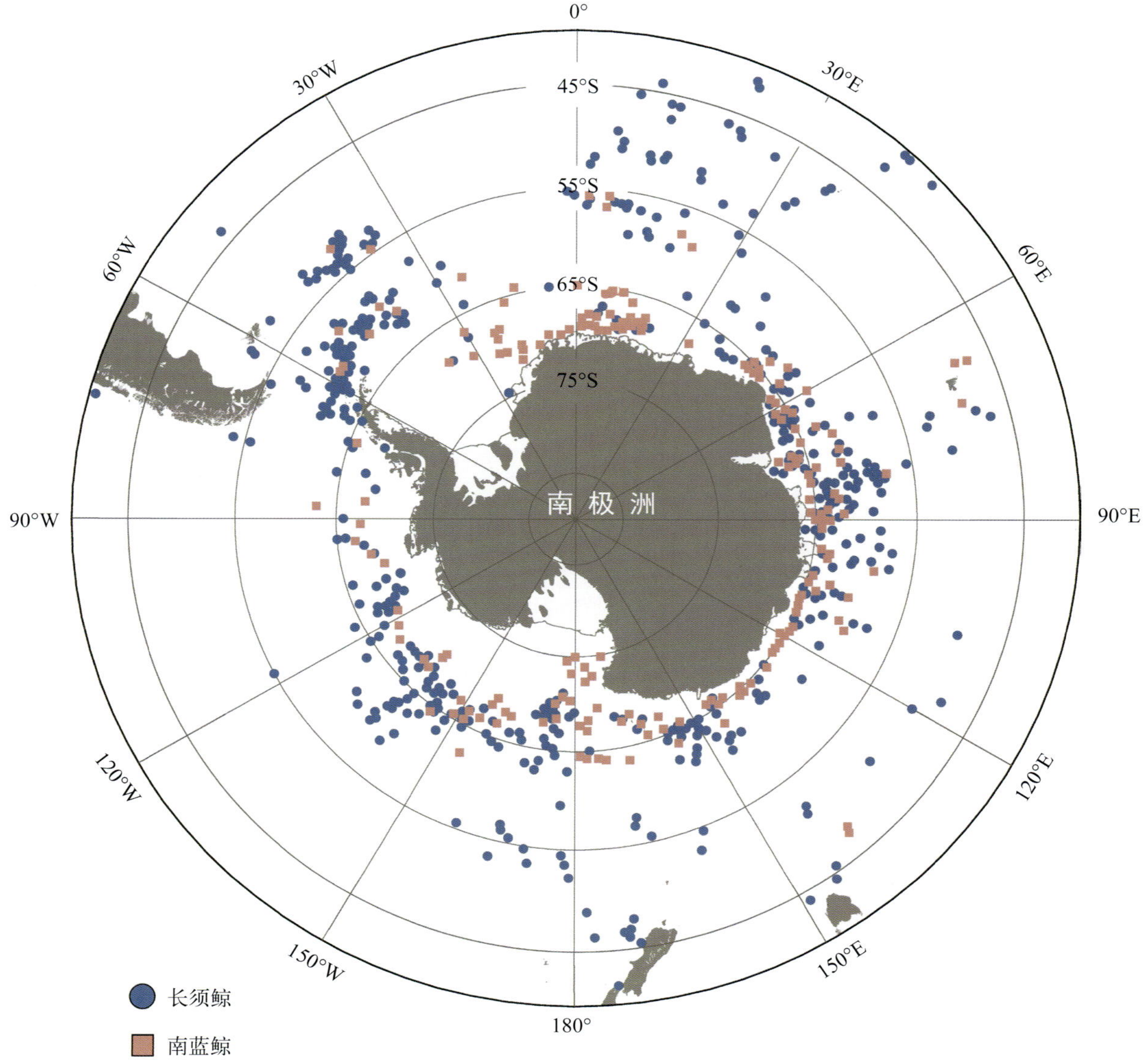

图27　观察到的南蓝鲸和长须鲸分布

（参见Ropert-Coudert et al., 2014）

说　明

1. 南极鲸类均环南极分布。

2. 南蓝鲸和长须鲸是目前数量最少的鲸类（分别为2 700头和4 000 ~ 8 000头）。其他鲸类数量为①须鲸：弓背鲸（>55 000头）、小须鲸主要分布在亚南极海域（数量未知）、南露脊鲸主要分布在亚南极海域（约12 000头），②齿鲸：长鳍领航鲸未被开发（约200 000头）。

3. 日本是唯一作为《全球禁止捕鲸公约》签字国仍在南大洋鲸类保护区以“科研”名义继续捕鲸的国家。联合国海牙国际法院于2014年裁定，日本在南极的捕鲸活动“与科研无关”，应当停止。但日本的捕鲸活动仅仅暂停一年，之后又死灰复燃，其中在2017/2018年度捕捞了333头南极小须鲸。2018年12月，日本退出了国际捕鲸委员会。

5.6 底栖生物

海洋底栖生物是指栖息于洋底内部或表面的生物，可分为底栖植物和底栖动物，广义上也包括微生物。南大洋底栖动物是鱼、企鹅和海豹等大型动物的重要食物来源之一。

南极底栖生物区域总体上可分为东南极生态区系、西南极生态区系、南极布韦生态区系、过渡生态区系和亚南极生态区系等类型（De Broyer et al., 2014；图 28），细分可分为 23 种类型，包括 10 个近岸区系和 13 个大洋 – 海岛区系（Douglass et al., 2014；图 29）。

南大洋底栖动物主要包括小型甲壳动物、蠕虫、棘皮动物和软体动物等①。很多栖息在软底的动物具有巨型化的特征，如生活在南大洋的巨型等足类② *Glyptonotus antarcticus*，体长可达 20 cm，而在其他海域最长也只有数厘米。一部分底栖生物虽然生活在底内，但可以通过伸出沉积物的管道滤食水体中的食物，如多数蠕虫、甲壳动物和软体动物，另一部分则是真正意义上的底内动物，通过摄食沉积物吸收其中的养分，如穴居海胆。部分底栖生物生活在海底表面，可以通过运动觅食食物，如海星、海参、蠕虫、甲壳动物以及南极扇贝等软体动物。

研究表明，气候变化会对南极底栖生物群落造成显著影响。对升温最为显著的南极半岛邻近海域的研究表明，气候变化和冰川消退导致底表生物由以海鞘为代表的滤食摄食者变成了一个混合类群，而其中最主要的因素并不是温度，而是冰川消融造成的沉积物的增加（Sahade et al., 2015）。在对南极半岛罗瑟拉站近岸浅水海域的研究表明，升温导致的冰山对海底剐蹭频率的增加会导致底栖生物致死率的增加，并已导致广布种苔藓虫③的数量在过去的 12 年里明显下降（Barnes and Souster, 2011）。南极半岛东北部拉森冰架的崩裂，已导致大型底栖生物群落结构发生变化（Gutt et al., 2013）。对威德尔海东北陆架的研究显示，1988—2014 年，受海冰增加和初级产量输出减少影响，底栖生物量减少了 2/3，优势种也由悬浮物捕食者转变为沉积物捕食者（Pineda-Metz et al., 2020）。而对 963 种生活在南极陆架的海洋无脊椎动物的模拟分析显示，到 21 世纪末，将有 79% 的物种面临适宜栖息地减少的威胁（平均减少 12%；Griffiths et al., 2017）。

而局域的环境污染，同样会影响底栖生物。对美国麦克默多站和澳大利亚凯西站近岸海域大型底栖动物群落的研究表明，在受污染影响的海洋，其生物多样性和生物学差异明显降低（Stark et al., 2014）。

① 甲壳动物：身披甲壳，如虾、蟹等；棘皮动物：外皮一般具有石灰质的刺状突起，身体球形、星形或圆棒形，如海星和海胆；软体动物：体柔软，没有环节，两侧对称，足是肉质，多数具有钙质硬壳，如贝、螺等。

② 动物界、节肢动物门（甲壳动物亚门）、等足目，一般身体平扁，左右对称，有7对大小及形态相似的脚。

③ 营固着生活、外形类似苔藓植物的一种动物。个体小，不分节，具体腔，前端有口。世界广布种，多生活在海洋。

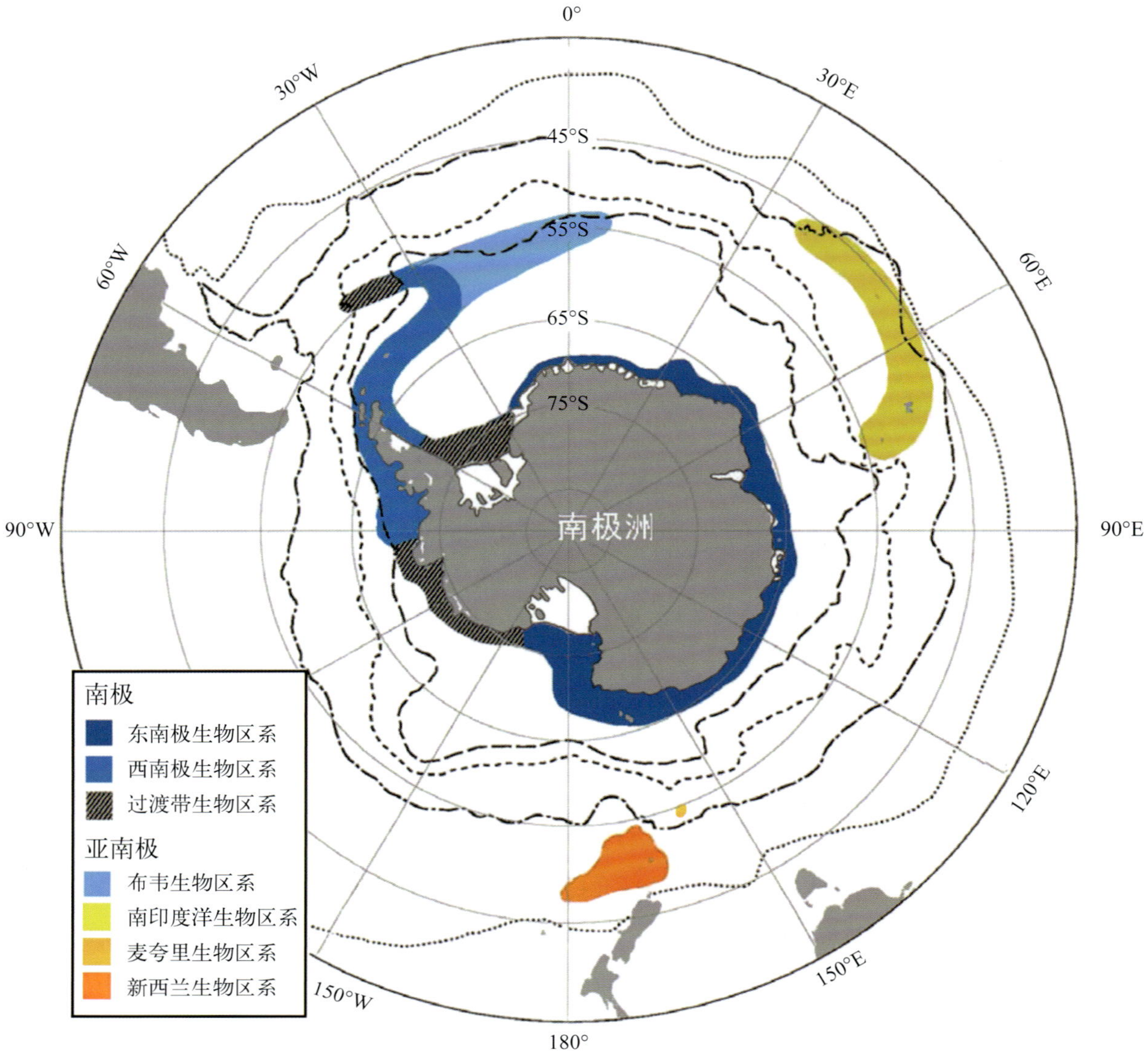

图28　南大洋陆架底栖生物地理区划

（参见De Broyer et al., 2014）

说　明

1. 南极底栖生物从大区系角度可分为东南极生物区系、西南极生物区系、过渡生物区系，以及亚南极岛屿周边的布韦生物区系、南印度洋生物区系、麦夸里生物区系和新西兰生物区系。

2. 对底栖生物群落的研究很少，多数集中在对类群的研究上。很多类群在东南极和西南极并没有明显差异，但腹足类、海葵类和端足类在东南极和西南极区则有明显的差异。

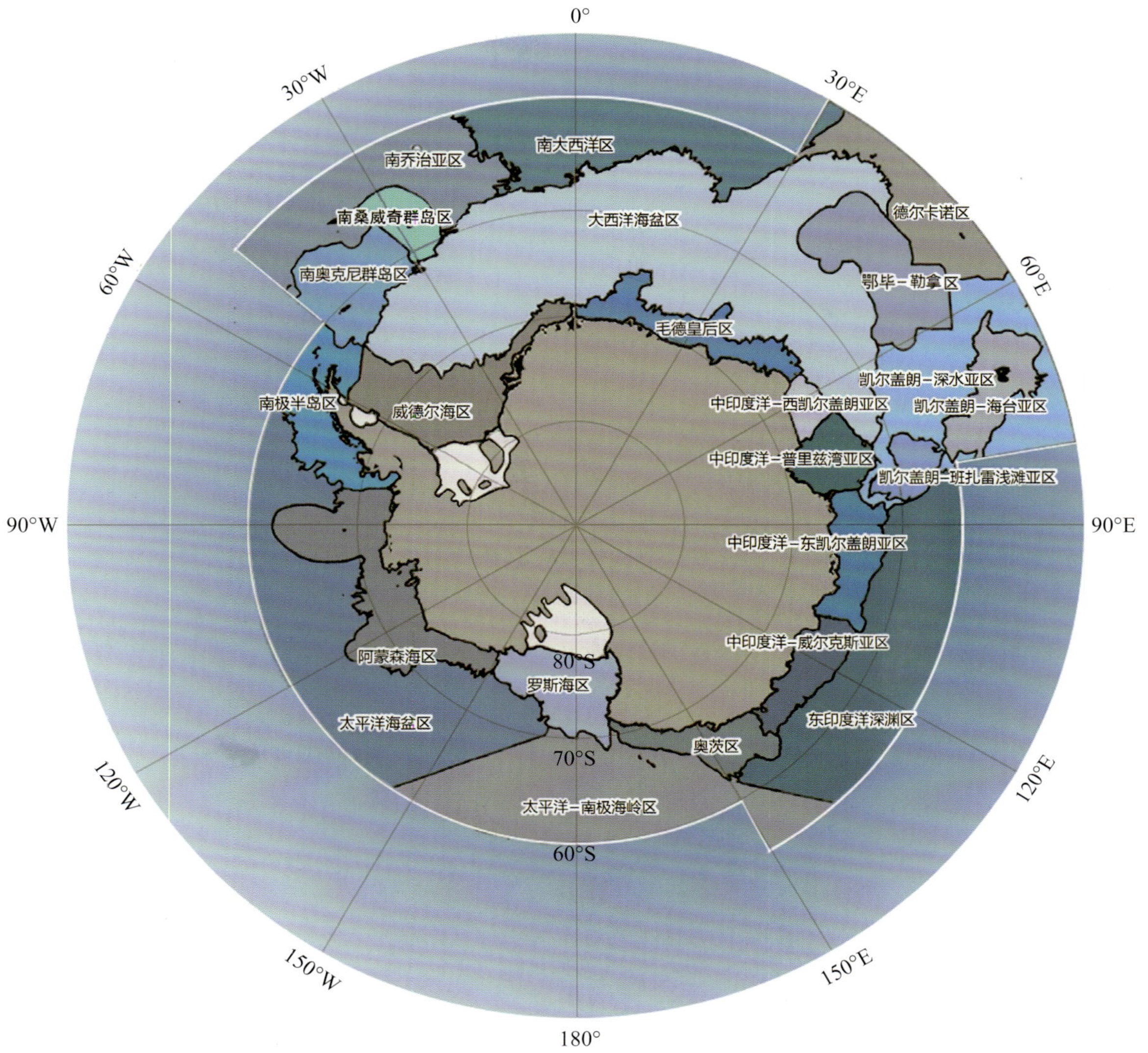

图29　南极海洋生物资源养护区内底栖生物分区

（参见Douglass et al., 2014）

说　明

1. 根据水深、海底地形、海底温度、海表叶绿素含量、海冰密集度和锋面系统等参数进行海底生态分区。

2. 23个生态区系特征为，毛德皇后区：海隆/海脊/威德尔流涡影响最东部，中印度洋－西凯尔盖朗亚区：不受凯尔盖朗海台和威德尔流涡影响，中印度洋－普里兹湾亚区：高生产力冷水，中印度洋－东凯尔盖朗亚区：受凯尔盖朗海台影响，中印度洋－威尔克斯亚区：海洋学上不同于东凯尔盖朗亚区，奥茨区：海冰特性不同于中印度洋－威尔克斯亚区，罗斯海区：极低温和长时间海冰覆盖，阿蒙森海区：高生产力陆架和冰间湖/岛屿浅水区/海山，南极半岛区：相对高温和少海冰的高产浅水陆架/岛屿生态系统，威德尔海区：极低温和持续海冰覆盖；大西洋海盆区：超深超冷海底和深渊平原，南大西洋区：洋中脊和海山等较浅水环境，鄂毕・勒拿区：极锋暖浅水区，德尔卡诺区：亚南极暖水浅海底，凯尔盖朗－深水亚区：3 000 m以深海域，凯尔盖朗－海台亚区：暖浅水区，凯尔盖朗－班扎雷浅滩亚区：暖浅水区，东印度洋深渊区：超深超冷海底和深渊平原，太平洋－南极海岭/区：大量2 000 m以浅环境，太平洋海盆区：超深超冷海底和深渊平原（温度高于其他海盆），南奥克尼群岛区：海岛和海山环境，南桑威奇群岛：极高产海岛环境/海沟深水，南乔治亚区：高产海岛海山浅水环境。

5.7 生物资源养护

5.7.1 《南极海洋生物资源养护公约》

《南极海洋生物资源养护公约》（以下简称《公约》），是应南极条约协商会议（ATCM）要求[1]、应对国际社会对南极磷虾资源不断增强的商业兴趣，避免南大洋其他一些资源种类的过度捕捞历史的重演、养护南极海洋生物资源、实现资源的可持续利用而形成的一部区域性公约，是《南极条约》系统的一部分。《公约》包括了33个章节、一个与仲裁法庭相关的附件以及一个与主权水域相关的大会主席声明，同时包括了与《南极条约》的关系、适用范围、组织机构以及有关国际合作的考虑等的相关表述。《公约》明确，“养护”一词包括合理利用。《公约》于1980年5月20日在专题会议上获得通过，于1982年4月7日正式生效。中国于2006年9月19日正式成为该公约的缔约方。

《公约》的适用范围为60°S以南以及该纬度与构成南极海洋生态系统一部分的南极辐合带（极地锋）之间的区域[2]，面积为35 716 100 km^2，约占全球海洋面积的10%。共分48区、58区和88区3个大区16个小区（图30），涵盖了亚南极爱德华王子群岛（南非）、克罗泽群岛（法国）、凯尔盖朗群岛（法国）和赫德岛（澳大利亚）等主权岛屿相关的领海和专属经济区。

南极海洋生物资源养护委员会（CCAMLR）是根据《公约》于1982年设立的管理南极海洋生物资源的多边机构，主要职责为：负责制定养护措施以及渔业管理政策，推进对南极海洋生物资源的养护与可持续利用；制定各区块渔业资源的捕捞配额并进行监督，确保商业捕捞过程不会损害原有生态系统的稳定性和可持续性。截至2019年10月，CCAMLR有26个正式成员（25国+欧盟）和10个观察成员[3]，其中仅正式成员承担会费并参与决策。秘书处设在澳大利亚霍巴特。

CCAMLR同步设有南极海洋生物资源养护科学委员会（SC-CAMLR），CCAMLR正式成员自然成为SC-CAMLR的成员，其主要职责是：为CCAMLR有关捕捞量和其他管理事务的决策提供最有效的科学支撑信息。下设4个工作组：生态系统监测与管理工作组（WG-EMM）、渔业储量评估工作组（WG-FSA）、统计评估与建模工作组（WG-SAM）以及与渔业导致意外死亡工作组（WG-IMAF），同时设有声学调查与分析方法工作小组（SG-ASAM）。

用于支撑CCAMLR决策的科学信息源于各成员的南极调查和研究成果以及CCAMLR推行的多个项目，包括渔业监测、往渔船派驻科学观察员、生态系统和海洋垃圾监测项目等。

---

① ATCM Recommendation Ⅸ-2 (London, 1977)。

② 南极辐合带为连接下列经纬线各点的一条水域带：50°S，0°；50°S，30°E；45°S，30°E；45°S，80°E；55°S，80°E；55°S，150°E；60°S，150°E；60°S，50°W；50°S，50°W；50°S，0°。

③ 正式成员：阿根廷、澳大利亚、比利时、巴西、智利、中国、欧盟、法国、德国、印度、意大利、日本、韩国、纳米比亚、荷兰、新西兰、挪威、波兰、俄罗斯、南非、西班牙、瑞典、乌克兰、英国、美国、乌拉圭。观察成员：保加利亚、加拿大、库克群岛、芬兰、希腊、毛里求斯、巴基斯坦、巴拿马、秘鲁、瓦努阿图。

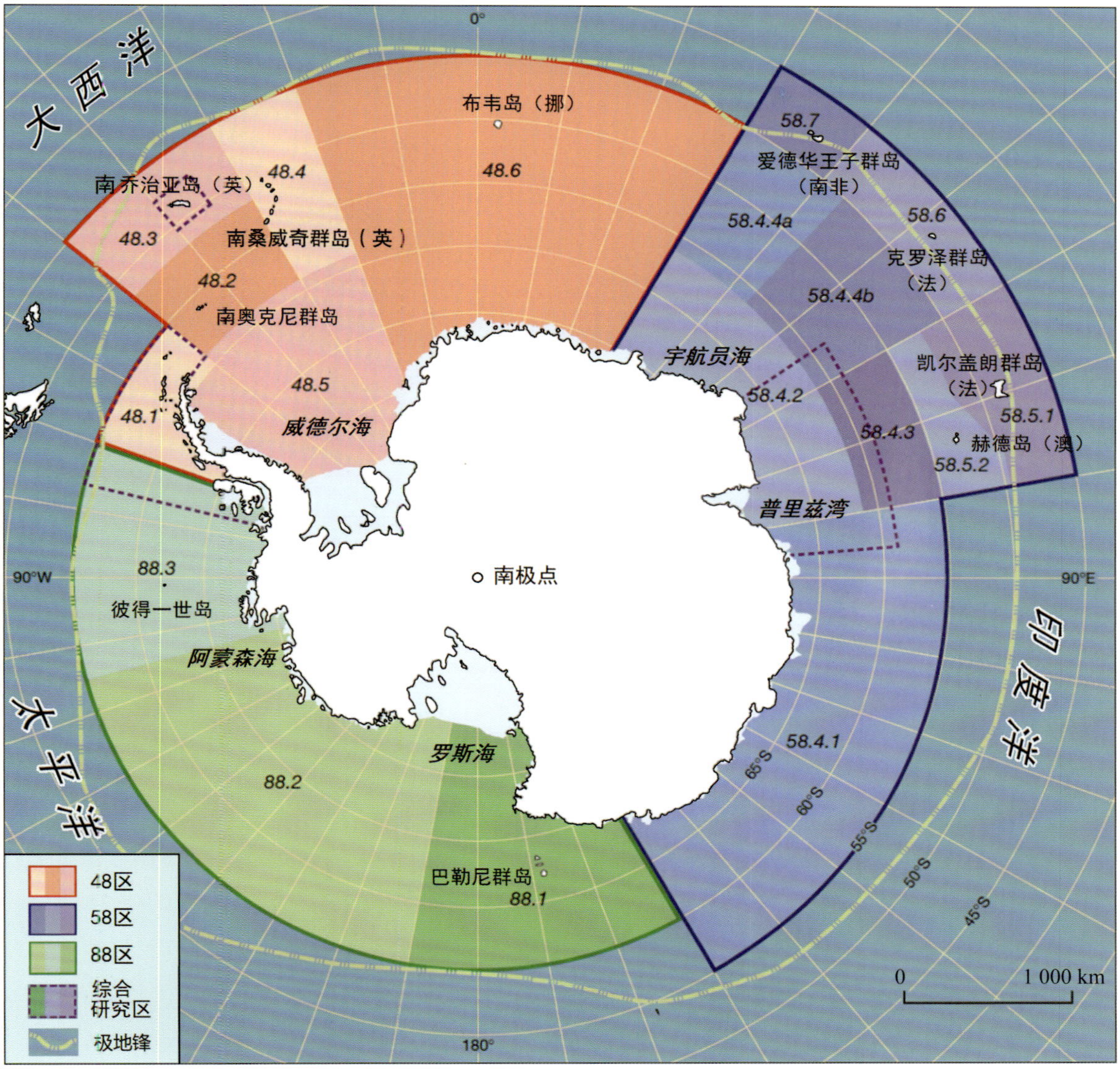

图30　南极海洋生物资源养护公约覆盖的范围和分区

（改自Australian Antarctic Division）

说　明

1. 图上标注名称的岛屿有主权所属，括号内为所属国；阿根廷对南乔治亚岛和南桑威奇群岛的主权所属有争议。
2. 48区对应大西洋扇区，58区对应印度洋扇区，而88区对应太平洋扇区。
3. 仅太平洋扇区与《南极条约》涵盖范围一致，大西洋扇区和印度洋扇区远超《南极条约》涵盖范围。

5.7.2 南极渔业

现有的南极渔业主要针对小鳞犬牙南极鱼、鳞头犬牙南极鱼和南极大磷虾，每年由 CCAMLR 提供各个区块的捕捞配额（图 31）。其他有些捕捞种类，如裘氏鳄头冰鱼，已因过度捕捞造成资源衰竭而停捕，目前仅保留探捕以评估资源量的恢复情况。

两类犬牙南极鱼的捕捞方法主要有在 1 200 ~ 1 800 m 深度布设底层定置延绳钓①，也有通过拖网和鱼笼捕捞。渔获物被出售到全球的饭店和高端市场，因其高昂的价格，也被称为“白金”，为此也吸引了不少非法、未报告和不受管制的（IUU）捕捞船，已成为南大洋渔业管理和可持续发展的最大威胁。目前共发放了 13 张捕捞许可证，每年由 CCAMLR 的渔业储量评估工作组（WG-FSA）和科学委员会进行审核。小鳞犬牙南极鱼 1977 年的捕捞量为 523 t，最高的 2000 年捕捞量达 16 912 t，近几年的捕捞量稳定在 12 000 t 左右。其中，58 区为主产区，捕捞量近 10 000 t，其次为 48 区，而 88 区的捕捞量不超过 5 t。鳞头犬牙南极鱼 1998 年的捕捞量为 42 t，2006 年达到峰值 4 447 t，近年来捕捞量在 4 000 t 左右波动。其中，88 区是主产区，捕捞量在 3 500 t 左右，48 区和 58 区的捕捞量要低一个数量级②。

裘氏鳄头冰鱼在 48.3 亚区南乔治亚岛附近海域用中层拖网捕捞，而在 58.5.2 亚区赫德岛和麦克唐纳群岛则是底层和中层拖网并用。该鱼种在 20 世纪七八十年代被过度捕捞，因而在 20 世纪 90 年代曾被禁捕。该鱼种在 1983 年达到历史最高捕捞量，为 387 275 t，近年来，捕捞量基本上维持在数百至上千吨。

南极大磷虾在 20 世纪 80 年代后期捕捞量超过 350 000 t，其中，1988 年达到了 416 848 t 的最高值。受苏联解体的影响，捕捞量在 1992 年迅速下降，在 1993 年更是下降到了 60 531 t。此后捕捞量逐年回升，近年来维持在 250 000 t 左右，仍有很大的发展空间。例如，西南大西洋目前可捕捞的总量约为每年 5 6000 000 t，但 CCAMLR 决定的捕捞限额为 620 000 t，为该海域估算 60 000 000 t 大磷虾总量的约 1%，而实际的年捕捞量仅为总量的约 0.4%。在科学数据能证明扩大配额不会影响捕捞的可持续性之前，CCAMLR 将不会扩大捕捞配额。为此，CCAMLR 在 1989 年推进了一个生态系统监测计划（CEMP），依托考察站形成一个收集南极生态系统其他种群信息变化的监测网络。

为确保渔业的长期可持续性，控制捕捞活动对原有生态系统的潜在影响，CCAMLR 除捕捞限额外，对捕捞时间、区域和方法均有明确的要求。捕捞时间的相关信息会实时或准实时传送给 CCAMLR 秘书处，SC-CAMLR 每年对相关材料进行审议。对于爱德华王子群岛（南非）、克罗泽群岛和凯尔盖朗群岛（法国）等主权岛屿邻近海域，相关成员国制定了各自的补充管理规定。

我国于 2009 年首次从 CCAMLR 获得磷虾的捕捞配额，至 2020 年年均捕捞量逾 40 000 t（峰值为 2020 年的大于 110 000 t，次峰值为 2016 年的 65 000 t），居挪威和韩国之后，位列第三，而磷虾第一捕捞大国挪威的年均捕捞量约为 140 000 t。我国尚未开启对南极鱼类的捕捞。2019 年，我国 4 艘新建南极磷虾捕捞加工船的首艘下水和捕捞工艺的改进，可以较快地提高我国的捕捞份额。

① 延绳钓最大的副作用是对鸟类的伤害，SC-CAMLR设有专门的与渔业相关的偶然死亡工作组对此进行研究。

② 本节主要数据引自CCAMLR网站https://www.ccamlr.org/。

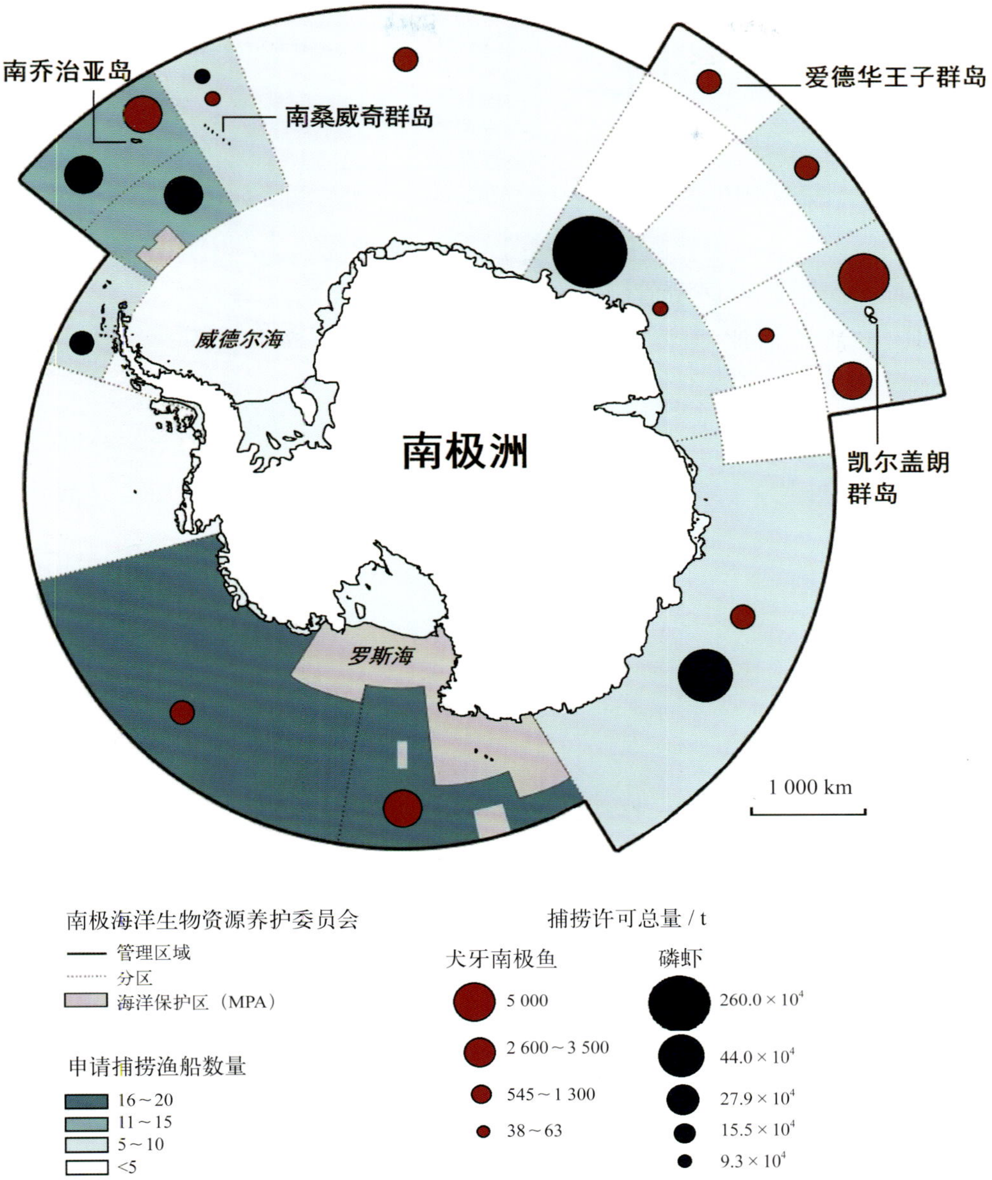

图31　2017/2018年度CCAMLR渔获许可量示意图

（改自Brooks et al., 2018）

说　明

1. 2017/2018年度南极磷虾的捕捞许可主要集中在东南极58区，捕捞船主要集中在南极半岛海域，特别是西南极的近岸海域，由于磷虾量较为集中，环境变换最快、捕捞压力也最大。

2. 鱼类捕捞许可58区最大，其次是88区和48区，但捕捞船申请主要集中在88区，其次是48区，罗斯海将面临越来越大的捕捞压力。

5.7.3 南极海洋保护区

海洋保护区（MPA）是指专供海洋资源、环境和生态保护的海域①。为满足特殊养护、栖息地保护、生态系统监测或渔业管理需求，保护区内的部分活动会受到限制或完全禁止。南极 MPA 是由南极海洋生物资源养护委员会（CCAMLR）提出并设立，建立南极 MPA 的目标和需求框架内容为，特殊目标；空间边界；限制、禁止或管理的活动清单，包括管理计划、研究和监测计划及安排、周期等。

2011 年，CCAMLR 海洋保护区专题研讨会把整个管理海域分为 9 个区域开展 MPA 建设工作，分别是西南极半岛－南斯科舍弧（1 区）、北斯科舍弧（2 区）、威德尔海（3 区）、布韦岛（4 区）、克罗泽－迪尔卡诺（Crozet－del Cano，5 区）、凯尔盖朗海台（6 区）、东南极海域（7 区）、罗斯海（8 区）、阿蒙森－别林斯高晋海（9 区）（图 32）。目前，在 CCAMLR 框架下已设立了南奥克尼群岛南陆架 MPA 和罗斯海 MPA（8 区），另外，有东南极典型系统 MPA 提案（7 区）、威德尔海 MPA 提案（3 区）、西南极半岛—南斯科舍弧 MPA 提案（1 区）。加上亚南极依托有领土主权岛屿设立的 4 个 MPA，原设定的 9 个区域仅有阿蒙森－别林斯高晋海（9 区）尚未有相关建设提案。目前已设立的保护区如下。

5.7.3.1 南奥克尼群岛南陆架 MPA

2009 年，英国提出了在南奥克尼群岛南部海域建立海洋保护区的提案。该海域不仅是一个重要的生物分区，同时也是企鹅的重要繁殖地。在 SC-CAMLR 的建议下，CCAMLR 同意了在该海域建立 MPA，禁止渔业活动，但在 SC-CAMLR 的同意下可以开展科考活动。保护区面积为 9.4×10^4 km^2。

5.7.3.2 罗斯海 MPA

2012 年，美国和新西兰就罗斯海 MPA 提交了各自的提案，在合并提案后于 2013 年 7 月在德国不莱梅港召开了特别会议，并提交年度会议进行讨论。联合提案于 2016 年获得通过，并在 2017 年 12 月 1 日开始生效，生效时长为 35 年。该保护区覆盖面积为 155×10^4 km^2。该保护区的目标是保护大规模的生态过程、生物多样性、捕食者和食物来源（包括企鹅、海豹、鲸、磷虾和南极银鱼）与重要生态栖息地，促进对该海域海洋生物资源的研究和监测等科学活动②。

5.7.3.3 亚南极区 MPA

南乔治亚和南桑威奇群岛 MPA（英国）、爱德华王子群岛 MPA（南非）、克罗泽群岛 MPA（法国）和凯尔盖朗群岛 MPA（法国）等，面积 7×10^4 ~ 107×10^4 km^2 不等（图 32）。

① 中国《全国功能区划》（2011—2020年）中的定义；MPA由联合国《生物多样性公约》推动，2020年MPA的建设目标是涵盖全球海洋总面积的10%。

② https://www.ccamlr.com/measure-91-05-2016。

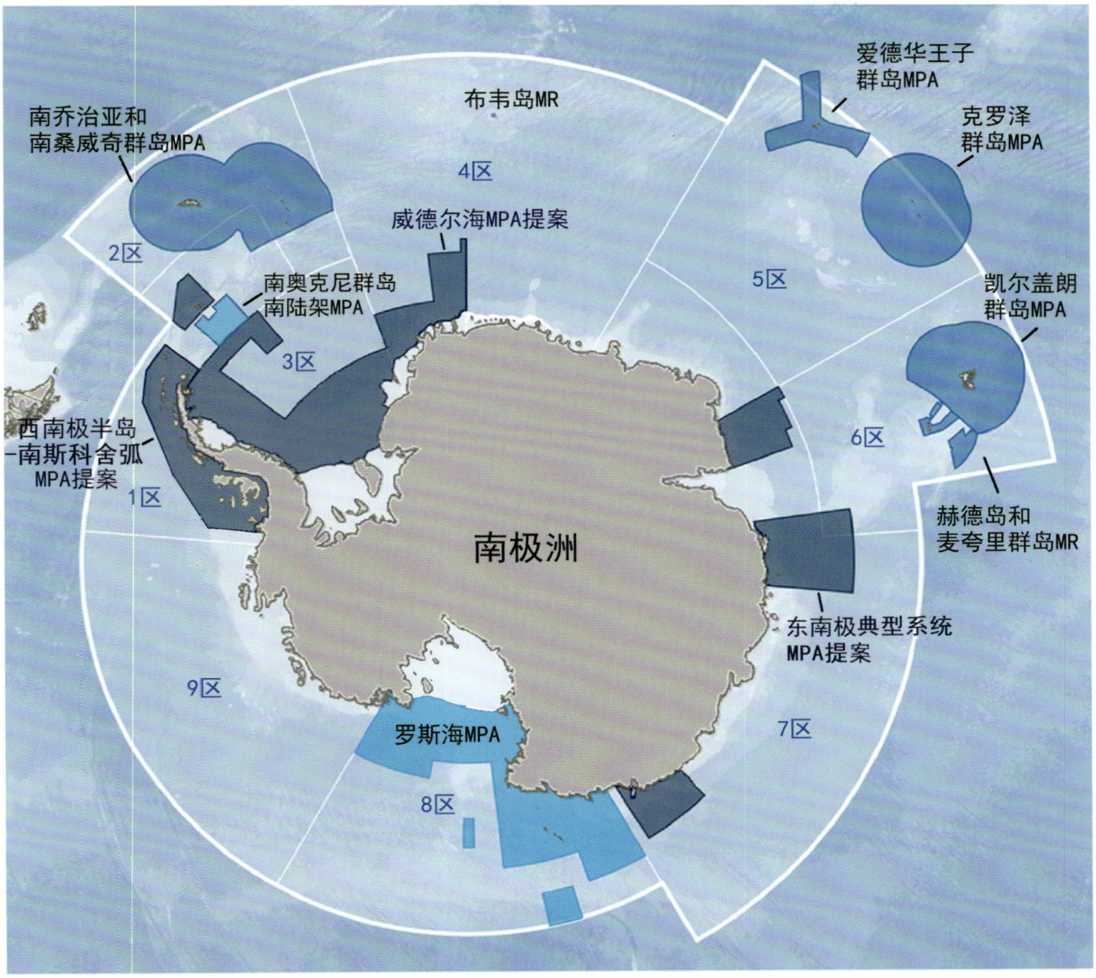

现有CCAMLR MPA　　已有可拓展MPA　　CCAMLR MPA提案

图32　南极海洋保护区建设态势（截至2023年6月，CCAMLR）

说　明

1. 已提出尚未通过、在南极条约区域内的MPA提案有3个：①东南极典型系统MPA提案，最初由澳大利亚提出，经4次扩员，2023年提案成员已扩增为澳大利亚、欧盟及其成员国、乌拉圭、澳大利亚、英国、新西兰、美国、韩国、印度、乌克兰和智利，规划面积约97×10^4 km^2；②威德尔海MPA提案，于2016年由欧盟提出，2019年改为由欧盟及其成员国和挪威联合提出，2021年提案成员增加了印度、新西兰、挪威、韩国、乌克兰、英国、美国和乌拉圭，面积为197×10^4 m^2；③西南极半岛-南斯科舍弧MPA提案，于2018年由阿根廷和智利联合提出，2020年提案中规划面积约67×10^4 km^2。

2. MPA全称为Marine Protected Area；MR全称为Marine Reservation，是一类受完全保护、禁止一切渔获行为的MPA。

3. 南乔治亚和南桑威奇群岛MPA由英国提出，但这些岛屿与阿根廷存在领土争议。

6 矿产与油气资源

6.1 矿产资源

南极洲矿产主要有银、金、镍、白金、铁、铬、钴、钼、锌、锰、铅、钛、镍和铀等。其中，铁在南极洲表面裸露岩石乃至冰盖底部均有广泛分布，但含量相对较低①；铬主要分布在龙尼－菲尔希纳冰架顶端附近的杜费克山地一带；煤主要集中在横贯南极山脉，少量分布在东南极洲和南极半岛地区，但其品质并不理想（图 33）。在南大洋，美国“埃尔塔宁”（Eltanin）航次通过现场抓斗和拖网采样表明，在 60°—70°S 的别林斯高晋海和阿蒙森海分布有大范围的海底锰结核（Wright and Williams, 1974）。

对冰下的地质研究极为有限。2019 年 2 月 10 日，我国利用研发的地质钻钻穿中山站附近冰盖 200 m 冰层，并顺利获取了 7 cm 岩芯，而此前在东南极洲获取的冰盖下岩芯还是 1957 年由俄罗斯科学家获取的（Witze, 2019）。

1970 年，英国和新西兰矿业公司着手南大洋潜在商业开发事宜。在 20 世纪 80 年代和 90 年代初，开矿活动的协调成为支配南极政治一个极富争议的议题。1981 年，协商国最终同意开始就一个复杂的矿产制度进行谈判。谈判过程复杂而艰辛，直到 1988 年 6 月 2 日，在第四届 12 次南极条约特别协商会议（SATCM）上通过了《南极矿产资源活动管理公约》（CRAMRA）。但该公约遭到了绿色和平组织和世界自然基金会（WFF）的强烈反对，它们认为南极洲任何开矿活动都应禁止，南极洲应成为一个“世界公园”。迫于国际环保组织的巨大压力，法国和澳大利亚决定不在公约上签字，导致公约未能生效。

1991 年 6 月 23 日，在西班牙马德里召开的第六届 3 次南极条约特别协商会议通过了《关于环境保护的南极条约议定书》（以下简称《议定书》）。《议定书》对保护南极环境做了全面的规定，同时明确了在其生效后的 50 年内，禁止在南极洲进行一切商业性矿产资源活动，包括普查、勘探和开发活动。《议定书》于 1998 年 1 月 14 日正式生效，因而若有协商国提出申请，下次的审议时间为 2048 年。《议定书》规定，若有任何修改，须征得 3/4 协商国的同意。

就目前而言，就算没有《议定书》的制约，南极洲的矿产资源开发本身也具有很高的成本和风险，因为它必须面对：缺少详细的品质和分布信息、缺少在恶劣环境和厚冰层下的开采技术、缺少成本优势、因领土主权归属争议导致的矿产所有权争议、南极特殊环境对设施和人员带来的风险等（Rose and McElroy, 1987）。但随着气候变暖、冰雪融化、运输能力增强和开采技术进步，到 2048 年后，是否有国家会因为多种原因（如政治原因等）而不愿延续该协议仍是一个未知数。

① 有报道称仅有约35% 的含量，属贫铁矿。

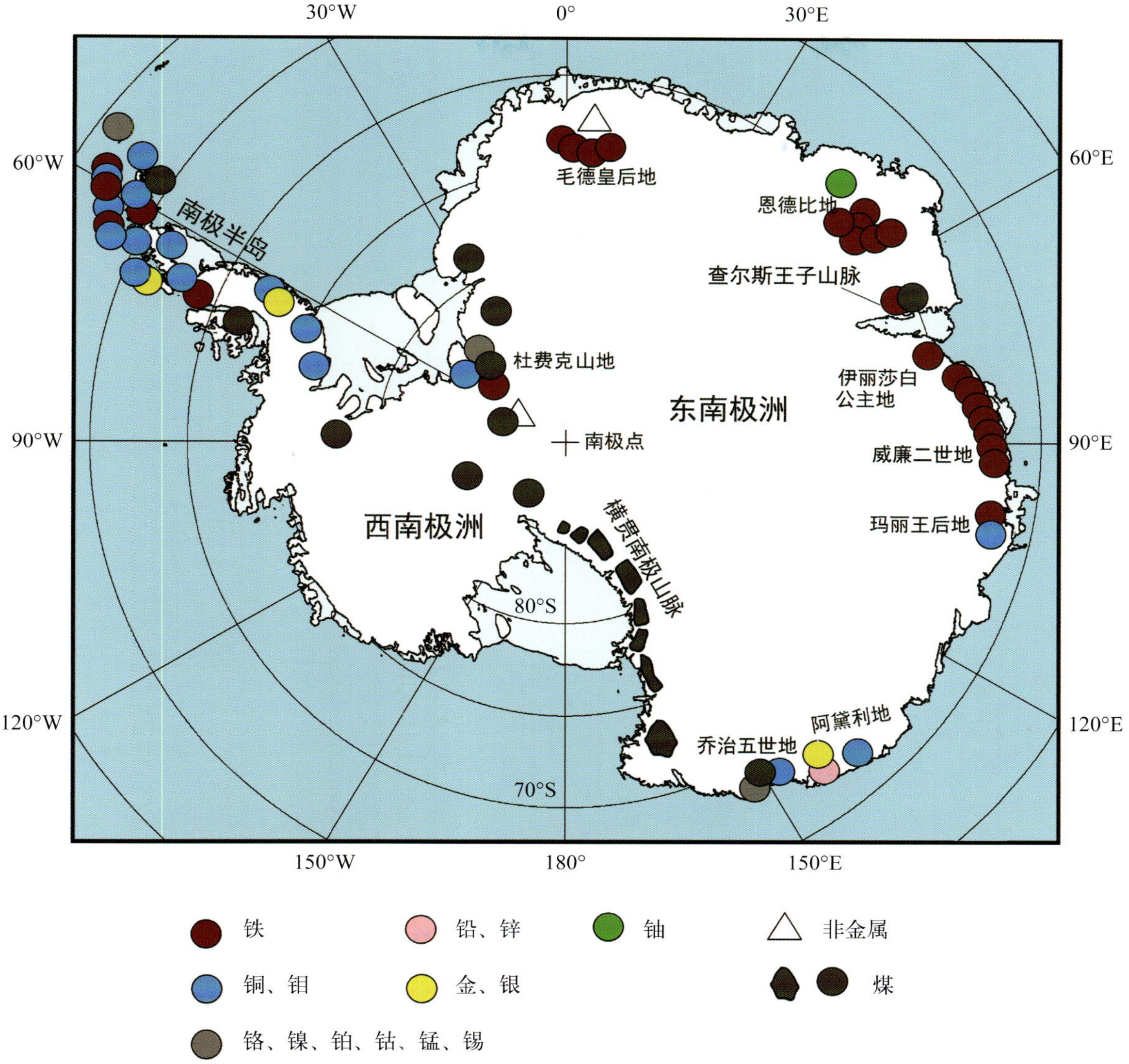

图33　南极洲主要矿产及分布

（改自US Congress, Office of Technology Assessment, 1989; Merrill, 2016）

说　明

1. 主要矿产资源分布区为，①铁：主要分布在东南极洲伊丽莎白公主地、威廉二世地、玛丽王后地沿岸以及恩德比地和毛德皇后地，其他分布地包括南极半岛及其周边岛屿，以及杜费克山地；②铜和钼：主要分布在南极半岛及其周边岛屿，其他分布地包括东南极洲的乔治五世地、阿黛利地、玛丽王后地和杜费克山地等；③铬、镍等多金属：主要分布在杜费克山地和乔治五世地等地；④铅和锌：主要分布在阿黛利地沿岸地区；⑤金和银：主要分布在南极半岛和东南极洲阿黛利地；⑥非金属矿产：主要分布在杜费克山地和毛德皇后地；⑦煤：主要集中在横贯南极山脉一线，其他分布区包括南极半岛、乔治五世地和查尔斯王子山脉等地。

2. 矿产资源资料相对较旧，不一定能反映现在的真实情况。

6.2 油气资源

由于探测资料有限，目前对南极地区的油气储量并没有一个权威的估算。据全球著名原油储量评估专家坎贝尔（Colin Campbell）博士早期的估算，南极原油储量仅有 520 亿桶[①]，不足目前全球两年的供应量，但俄罗斯国有地质勘探企业 Rosgeologia 于 2020 年的最新评估结果显示，南极油气储量不低于 5 130 亿桶原油当量[②]。

6.2.1 南极洲油气

根据美国地质调查局按国际通行方法估算的结果可知，南极洲蕴藏有 190 亿桶可采原油（19.0 BBO）和 106 万亿立方英尺天然气（TCFG），或 360 亿桶原油当量（36.0 BBOE）。但在极难开采的南极环境中，油气田的规模是极为关键的。南极油气田具有如下特点：①缺少超巨型油田（5.0 BBO）；②巨型油气田（0.5 BBO）存在于裂隙区[③]，占裂隙区总储量的 40%；③板块汇聚边缘地带[④]没有巨型油气田。若是从有商业开采价值须为巨型油气田的标准来估算，南极洲的可采石油储量为 6 BBO 和 32 TCFG/11 BBOE（Kingston, 1992）。由于南极洲的石油储量并未被证实（可能很低），加上作业困难，未来不太可能有商业开发活动（MacDonald, 2007）。

6.2.2 南大洋油气

南极大陆周围海域的海洋地质和地球物理调查相对其他重点海域仍较为有限（Breitzke, 2014），在南极半岛周边海域调查最多，每年夏季的地震调查测线约 2 600 km（图 34）。

根据已有的调查资料可知，南极大陆周围具有潜在油气资源的沉积盆地有 7 个，分别是威德尔海盆、罗斯海盆、普里兹湾海盆、别林斯高晋海盆、阿蒙森海盆、维多利亚地海盆和威尔克斯地海盆。油气资源潜力区域需具备的几个特点：①属于被动陆缘区的拉张型盆地，且具有厚度较大的高质量烃源岩；②冰川作用形成的胶结较差的松散冰川碎屑沉积具有较大的孔隙率，可以作为良好的储集层；③裂谷阶段之后的后期构造运动较弱，对原先的沉积结构破坏较少。依据上述特点，南极陆缘区中可能有利于油气聚集的区包括罗斯海区、南极半岛东缘的拉尔森盆地以及普里兹湾盆地，其中罗斯海区最有利于油气聚集；而南设得兰陆缘区、普里兹湾区和罗斯海陆缘区均是天然气水合物有利的聚集区（丁巍伟等，2018）。

目前，缺少对南大洋油气资源的系统评估，而对区域评估仍存在较大差异。对油气前景最好的罗斯海的评估表明，其资源量在 99 亿 ~ 641 亿桶（St. John, 1986; Cook and Davey, 1990; 杜民等 , 2016）。

---

① Australian Government Antarctic Division. Crude ideas. Austrian Antarctic Megazine, 11, spring 2006, pp10。

② https://finance.yahoo.com/news/russia-makes-move-antarctica-513-220000402.html。

③ 岩石圈被外力拉开形成的线型区域，是伸展断层的一种形态。

④ 大陆漂移板块相互碰撞的边缘地带。

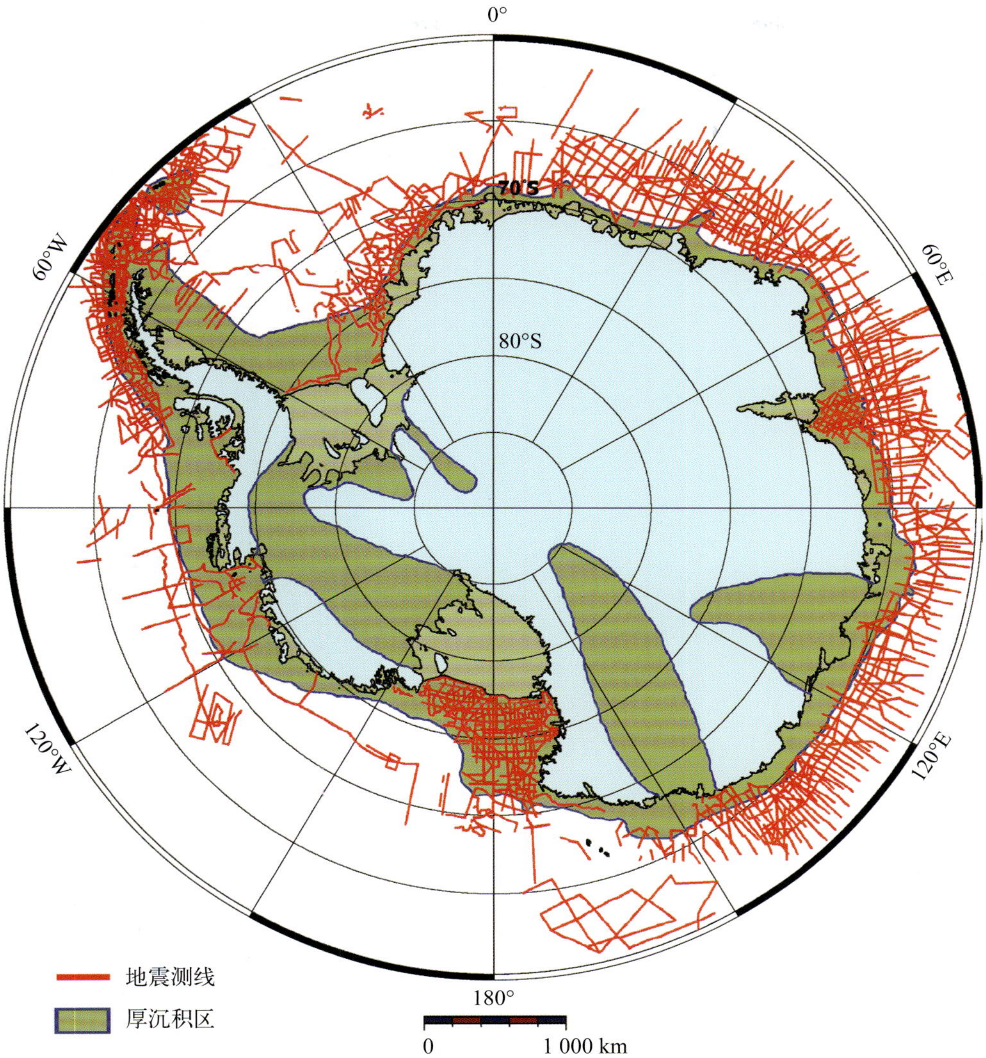

图34　南极洲及陆架区广义厚沉积区

（参见Kingston, 1992; Breitzke, 2014）

说　明

1. 潜在的和已探明的厚沉积区参见Kingston（1992）；至2011年南大洋已完成的地震测线参见Breitzke（2014）。

2. 南极潜在的和已探明的厚沉积区海上主要集中在陆架区和面积较大的海域，如罗斯海、阿蒙森海、别林斯高晋海和威德尔海；陆上主要集中在部分大的冰下盆地，如东南极洲的威尔克斯冰下盆地和萨布里纳冰下盆地、西南极洲的罗斯冰下盆地和伯德冰下盆地等。

3. 用于海底地质构造分析的多道地震探测最密集的区域有南极半岛周边海域、罗斯海、威德尔海东部海域和东南极海域。

7 人类活动

7.1 南极洲建筑设施

7.1.1 考察站和营地

南极洲无常住居民，南极洲的建筑设施用于严寒和孤立环境下人员的驻留和交通，主要包括考察站、营地和机场等设施。对 2005 年 10 月至 2016 年 12 月间卫星图像的地理信息系统（GIS）分析可知，整个南极洲共在 158 处辨别出 5 342 栋建筑（包括正在使用的和遗弃的），总面积为 $39.3 \times 10^4\ m^2$，其中有 81% 的建筑分布在无冰区，76% 的建筑集中在南极洲 5 km 宽海岸线范围内，特别是在南极半岛和罗斯海沿岸地区（Brooks et al., 2019）。绝大多数南极洲建筑设施由《南极条约》缔约国政府建设和运行，极少数（主要是机场、营地）为从事南极洲旅游的企业组织所建。

考察站和营地是南极洲数量最多的建筑类型。考察站通常是带有供电、给排水等较完整人员生活自持系统的建筑群组，多数建在南极洲沿岸区域，少数建在内陆区域。按照运行季节，考察站可分为全年有人驻留的常年站（越冬站）和仅在夏季供人员驻留的夏季站。营地通常是不带自持系统、便于拆卸的简易建筑，容纳少量人员夏季野外作业活动时短暂驻留。

考察站和营地分布见图 35。据国家南极局局长理事会（COMNAP）资料，截至 2017 年 8 月，30 个 COMNAP 成员国在南极洲运行的考察站共有 76 个（不含临时关闭的考察站）。其中，常年站 40 个，夏季站 36 个[①]。除考察站外，南极洲上还运行 25 个营地设施（不包括帐篷式营地）[②]，用于野外宿营、机场配套、物资和燃油补给、无人值守观测、应急避难等用途。

2017 年，南极洲 83 个考察站总建筑面积约为 $21.7 \times 10^4\ m^2$（南极考察设施规模见图 36）。其中，美国运行了 51 000 m^2 的考察站建筑，遥遥领先于其他国家。中国和俄罗斯的运行规模接近，分别为 11 835 m^2 和 11 378 m^2，位居第 4 和第 5。

南极考察设施在未来将得到进一步发展。如美国正在酝酿一项由美国国家科学基金会（NSF）牵头的“美国未来南极项目”（Future USAP），分初期投资和追加投资两个阶段，实施对美国在南极大陆上 3 个主要考察站：麦克默多站、帕尔默站和南极点站基础设施的长期投资，通过对建筑、后勤和技术的一系列重建和升级，支持 Future USAP 未来 30 ~ 35 年在南极大陆的科学使命[③]。《澳大利亚南极战略和 20 年行动计划》[④]提出了新建所属的麦夸里岛常年考察站、内陆考察断面和冰芯钻探营地计划，我国也正筹划在罗斯海西海岸恩格斯堡岛上新建常年考察站。

---

① 实际南极考察站数量要高于COMNAP的统计数，因为该考察站名单仅包含成员国正在南极运行的，不含非成员国巴基斯坦和罗马尼亚的南极度夏站，也不包括德国由自然资源研究所运行的岗瓦纳站，日本飞鸟站、瑞穗站、富士冰穹站4个处于临时关闭状态的夏季站。

② 不包括南极旅游企业建立的两个营地。

③ https://future.usap.gov/。

④ http://www.antarctica.gov.au/about-us/antarctic-strategy-and-action-plan。

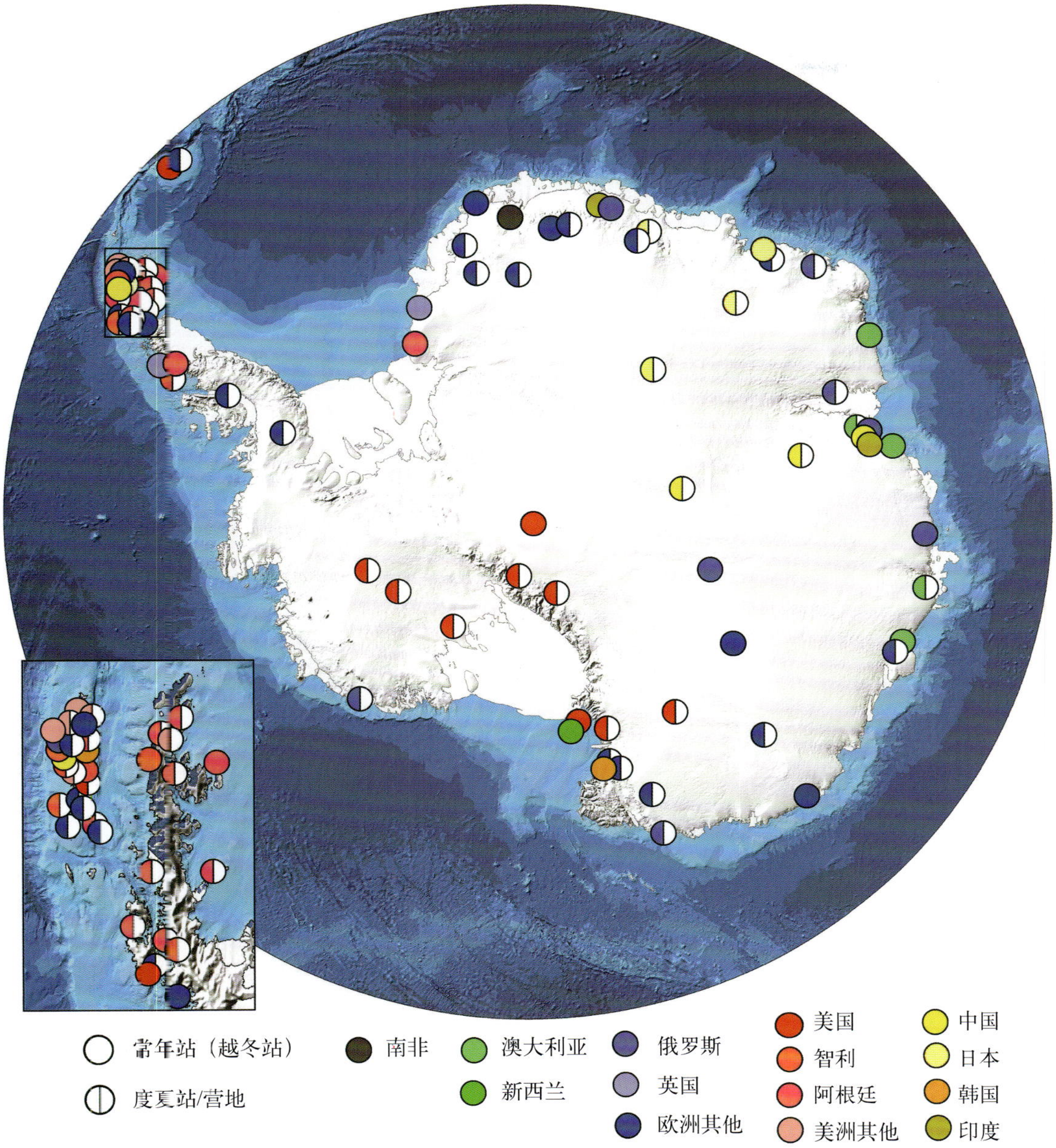

图35　南极洲主要考察站设施分布示意图

（数据来源COMNAP, 2017；底图引自IBCSO V.1）

说　明

1. COMNAP网站有关考察站信息更新至2017年8月。本图包含日本飞鸟和富士冰穹两个临时关闭的内陆夏季站。

2. 各国考察站/常年站数量：阿根廷13/6、俄罗斯10/5、智利9/3、澳大利亚3/3、美国3/3、中国4/2、英国3/2、印度2/2、韩国2/2、法国1.5/1.5、德国3/1、乌拉圭2/1、巴西1/1、日本1/1、荷兰1/1、新西兰1/1、挪威1/1、波兰1/1、南非1/1、乌克兰1/1、意大利1.5/0.5；西班牙3/0、比利时1/0、保加利亚1/0、捷克1/0、厄瓜多尔1/0、芬兰1/0、秘鲁1/0、白俄罗斯1/0、瑞典1/0。我国南极考察站数量按总数排第4、按常年站数量排第6。

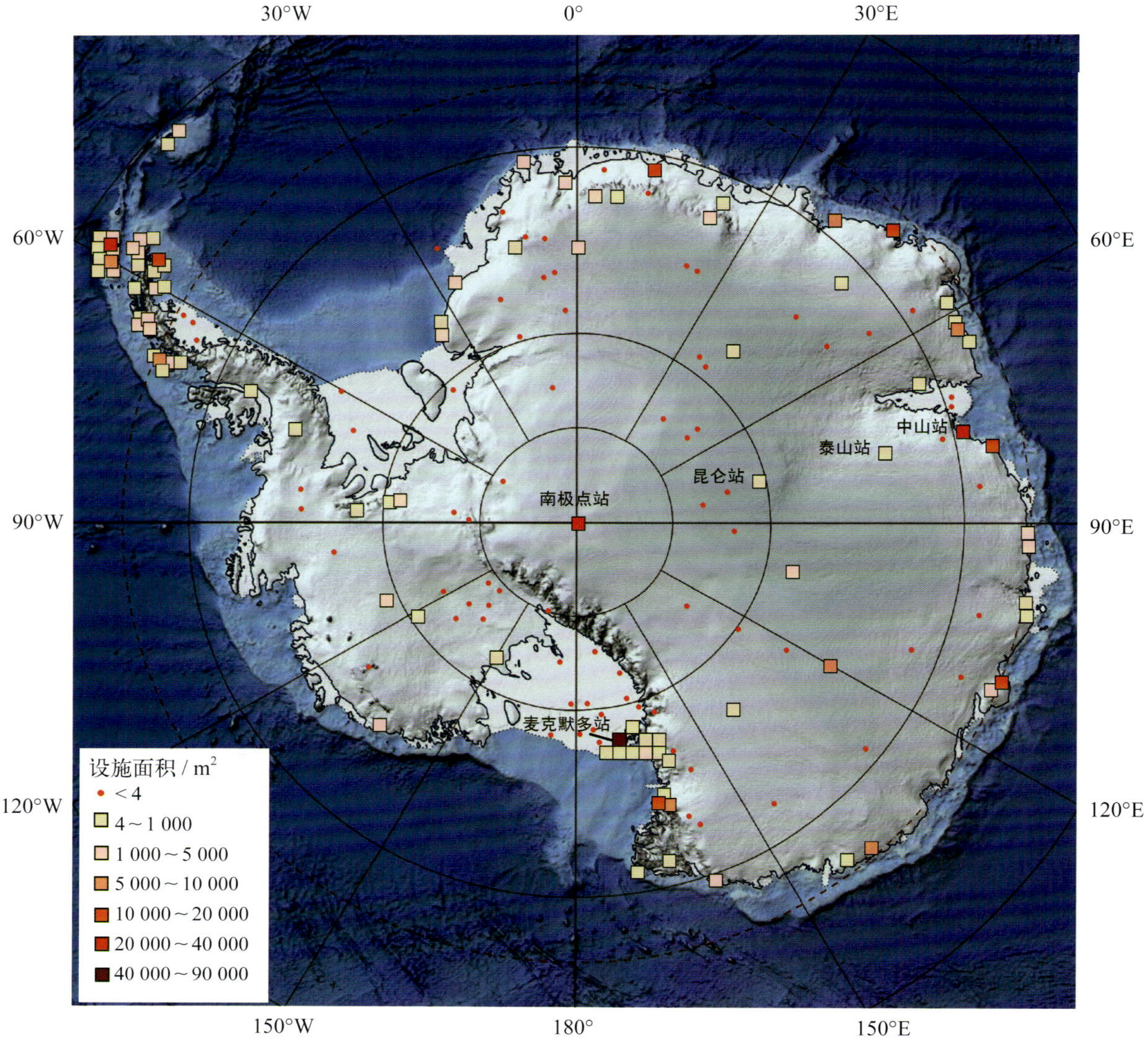

图36　南极洲考察设施面积分布示意图

（参见COMNAP, 2017; Brooks et al., 2019）

说　明

1. 考察设施包括建筑设施和观测场地等；根据2005—2016年卫星遥感影像，共有158处正在使用和5 342处遗弃设施。

2. 美国建在罗斯岛上的麦克默多站是南极洲最大、设施面积唯一超过40 000 m²的考察站，首建于1956年，现有200多栋，夏季可容纳1 200名科学考察队员。

7.1.2 南极机场

人类利用船只进出南极洲约有 200 年历史，利用航空器进出南极洲约有 100 年历史。当前，航空运输正在发展成为人员进出南极洲、开展科学考察和旅游活动的主要交通工具[①]。南极洲严寒、冰雪覆盖和遥远孤立的环境使得发展航空不是件容易的事。在当今技术条件下，直飞航线、南极洲机场和燃油补给建设的自由选择度很小。

固定翼飞机进出南极洲的航线主要以南美洲、非洲和大洋洲 3 个近南极大陆最南端的城市空港为门户。经过数十年的发展，目前已经在各南极门户城市到南极洲，主要是智利蓬塔阿雷纳斯—南极半岛（1 300 ~ 3 000 km）、南非开普敦—东南极洲毛德皇后地（4 100 ~ 4 500 km）、新西兰基督城—横贯南极山脉南部地区（3 900 km）和澳大利亚霍巴特—东南极洲威尔克斯地（3 500 km）的方向上形成了若干洲际航线，可运行固定航班。

据不完全统计，2015 年 10 个协商国（不包括旅游公司）在上述典型洲际航线上共飞行 527 个架次[②]。主力机型为 C–130、C–17、IL–76 共 3 款军事运输机[③]和 A–319 客运机。

由于南极洲 95% 以上为冰雪覆盖，沿岸露岩地区十分狭窄且大多崎岖陡峭，冰面或雪面跑道由于绝大多数自然形成的冰雪覆盖区域对于中大型轮式飞机的承压能力不够，因此跑道建设的地面空间资源十分稀缺。

据 COMNAP 的数据统计，南极洲跑道数量增长较快[④]。2019 年，南极洲共建设和运行 59 条跑道，比 2017 年增加了 11 条，其中包括旅游公司自建的 9 条跑道，比 2017 年增加了 6 条（图 37）。其中，洲际航线跑道 12 条，意大利拥有 2 条跑道（海冰和砂砾各 1 条），阿根廷、澳大利亚、智利、挪威、俄罗斯、英国、美国以及 3 家公司（国际南极后勤中心 – 南非、南极后勤与探险公司 – 美国、白漠公司 – 英国）各有 1 条跑道。47 条洲内跑道中多数是雪橇跑道，主要供 BT–67、双水獭（Otto Twins）等小型飞机在南极洲区内起降、人员和物资运输以及航空遥感观测使用。澳大利亚曾于 2018 年宣布计划在戴维斯站附近建设 1 条 2 700 m 长的混凝土跑道[⑤]，但经 2 年多的环境和经济性评估，最终放弃了该计划。

---

① 空运与海运不是替代关系，而是互为补充。越来越多的南极活动国家选择物资海运和人员空运的分离运输模式。

② 根据ATCM官网公布的2015年各国南极活动信息交换资料和其他相关资料综合统计。飞机架次进和出分别计算。

③ C–130：大力神，美国洛克希德公司（现洛克希德·马丁公司）在20世纪50年代研制的四发涡桨中型多用途战术运输机，世界上设计最成功、使用时间最长、服役国家最多的运输机之一；C–17：波音C–17，环球霸王Ⅲ，美国空军大型战略战术运输机；IL–76：伊尔–76，原苏联伊留申航空集团（现俄罗斯联合航空制造公司下属）在20世纪70年代研制的四发大型军民两用战略运输机。

④ 据COMNAP(2019):Antarctic Flight Information Manual（AFIM）统计。

⑤ http://www.antarctica.gov.au/about-us/antarctic-strategy-and-action-plan。

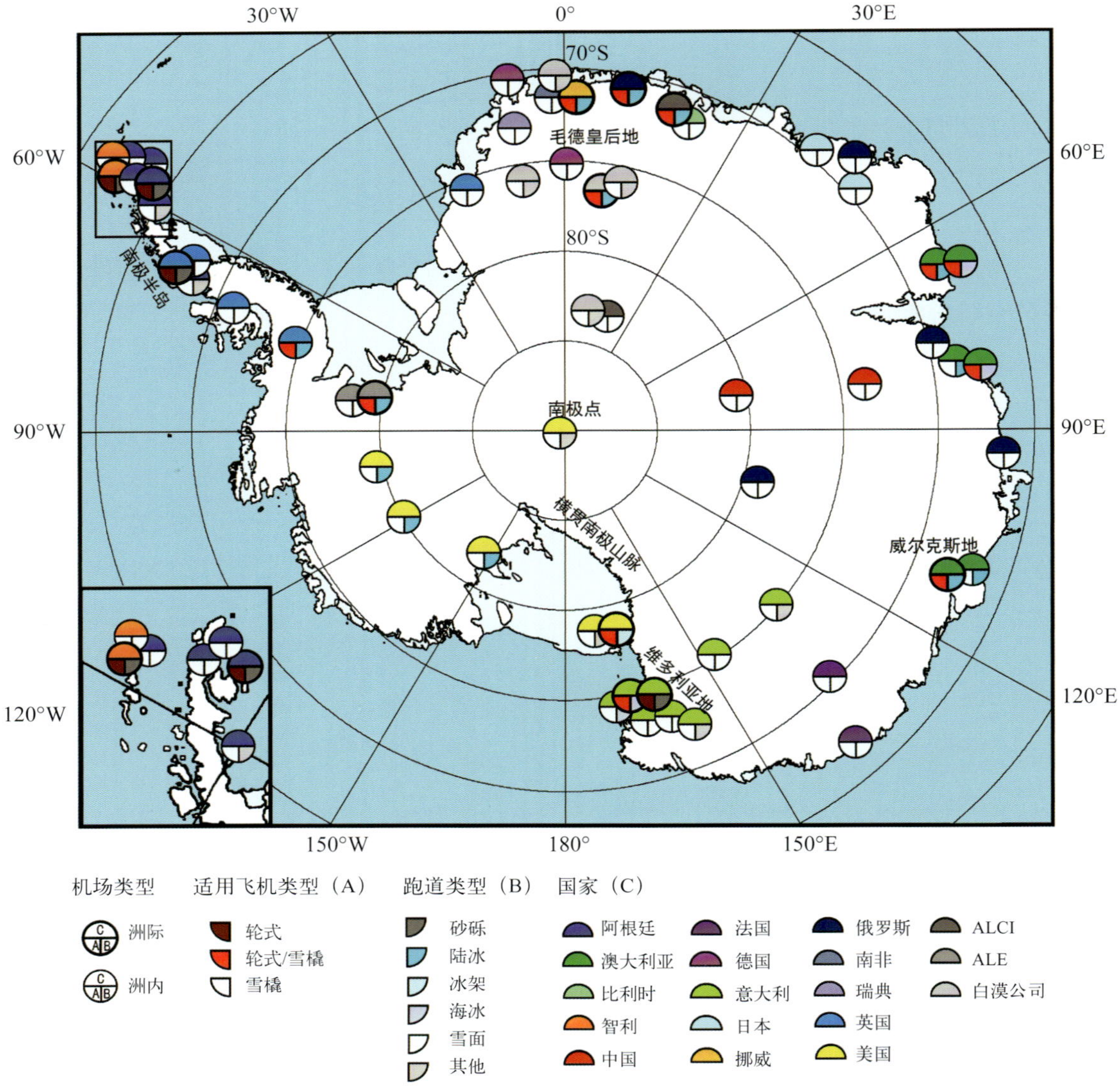

图37　南极机场分布示意图

（数据来源COMNAP, 2019）

说　明

1. 洲际机场跑道分布为，南美：南极半岛地区（阿根廷、智利、英国、南极后勤与探险公司/ALE-美国），南非：毛德皇后地（俄罗斯、挪威、国际南极后勤中心/ALCI-南非、白漠公司/White Desert-英国），新西兰：罗斯海周边地区（意大利、美国），澳大利亚：威尔克斯地（澳大利亚）。

2. 拥有洲际航线机场跑道的各国和公司拥有跑道数量：意大利8条、阿根廷6条、澳大利亚6条、美国6条、俄罗斯5条、英国5条、白漠公司5条、智利2条、ALCI 2条、ALE 2条、挪威1条；仅有洲内航线跑道数量：中国2条、日本2条、法国2条、德国2条、比利时1条、南非1条、瑞典1条。

7.2 主要考察活动

7.2.1 站基长期观测与研究

自1957/1958年国际地球物理年以来，科学研究成为人类在南极洲的主要活动。1961年生效的《南极条约》搁置了南极洲领土争议问题，鼓励各国出于和平目的开展南极科学事业。在南极洲，南极科学考察活动一直是各国最主要的活动，受到《南极条约》的鼓励和保障。为此，各国迄今在南极洲及其周围的岛屿上建立了许多永久性的常年考察站和临时性的夏季考察站、考察营地，并以此为依托和平台，开展地球科学、海洋科学、大气科学、冰川学、日－地物理学、天文学等学科领域的观测与研究。

各国依托常年站选择开展的科学观测与研究项目一般周期较长，代表了各自优先科学领域和兴趣。对COMNAP数据[1]的统计分析显示，40个常年站开展的长期观测与研究项目主要有生物生态学、冰川学、固体地球科学、大气科学、高层大气物理学和天文学。

各国常年科学考察站的长期观测项目见图38。一般地，几乎所有的常年考察站均开展固体地球科学（100%）和大气科学（95%）的观测与研究。多数常年考察站开展生物生态学（75%）和冰川学（67%）的观测与研究[2]。少数常年考察站有高层大气物理学（20%）和天文学（17.5%）长期观测项目[3]。

以生物生态学观测与研究为例，美国的长期生态学研究（LTER）网络在其南极帕尔默站和麦克默多站均有布局。其中，帕尔默LTER始于1990年，研究对象聚焦于南极海洋生态系统、涵盖范围从岸边向北延伸数百千米。长期调查研究内容[4]包括①物理胁迫：光照、大气、海洋和海冰；②海洋细菌/古菌、浮游生物、海鸟；③碳和氮的生物地球化学循环；④生态系统对气候变化的响应；⑤生态系统过程和环境胁迫相关的物理/化学/生物学模拟。

麦克默多干谷LTER始于1992年，是一个南极洲寒冷荒漠地带水生和陆地生态系统的多学科研究项目。长期调查研究内容[5]包括：气象等基础环境的自动观测（网络）、土壤生态化学和冻土退化实验、湖泊环境参数的自主剖面测量、冰川－溪流－土壤相关性、真核微生物多样性与功能、生态系统对人类活动响应等。

---

① 主要根据COMNAP（2017）：Antarctic Station Catalogue分析统计。

② 主要根据南极观测研究对象的地球系统垂直分布圈层结构分类。生物生态学包括了海洋和陆地的生物生态学；固体地球科学包括了地球物理学（地震、地磁、重力、卫星遥感等观测）、地质学、地形地貌学、测绘学、卫星地面接收等；高层大气物理学包括大气平流层以上各圈层的观测研究。也可以地球空间科学指称。各考察站开展的固体地球科学观测研究项目中，地质、地形地貌、测绘大多为间歇性观测研究项目，而地震、地磁、重力、卫星遥感等项目则为长期运行的观测项目。

③ 人体医学项目仅在美国和中国的个别考察站开展，本报告未予列入。

④ https://pal.lternet.edu/research。

⑤ http://mcm.lternet.edu/research-overview。

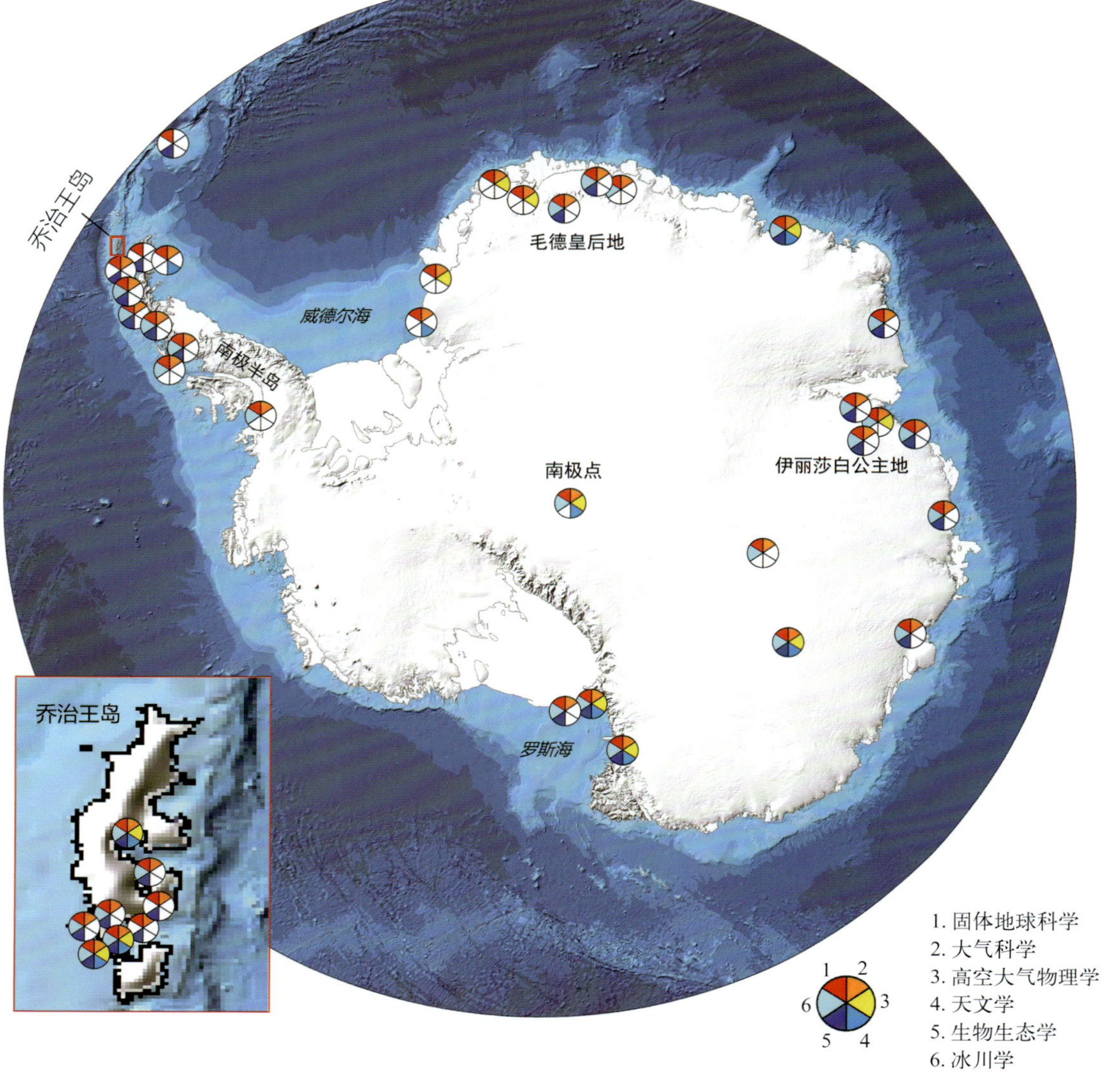

图38　各国常年考察站的长期观测项目分布

（底图引自IBCSO V.1）

说　明

1. 常年考察站最密集地位于亚南极南设得兰群岛的乔治王岛，集中了8国的常年站；南极半岛及其他周边岛屿集中了8个常年站；毛德皇后地有5个常年站，伊丽莎白公主地有4个常年站，罗斯海周边有3个常年站。

2. 所有的常年考察站均开展了长期观测，其中最为普遍的是大气、地震、地磁、重力和卫星遥感等观测。沿海考察站多有开展生物生态学观测，而冰川学观测除亚南极和东南极洲科茨地部分考察站外均有开展。高空大气物理学观测主要集中在中国、美国、俄罗斯、日本、韩国和波兰等国，考察站主要分布在东南极洲；而天文学观测主要集中在美国、俄罗斯、韩国、日本和阿根廷等少数国家。

7.2.2 大面积和深部探测

7.2.2.1 南极洲考察

随着航空遥感等技术手段的应用，人类对南极洲的大面积探测取得了长足进展。以南极冰下制图计划（BEDMAP）为例，对 50 年的观测数据进行整理形成数据库，并开发了一个精度为 5 km 的地形数值模型，展示了冰盖和冰架厚度、冰架下水体厚度、冰盖底部高程以及 60°S 以南冰底（含冰架）测深（Lythe et al., 2001）。而南极冰下制图Ⅱ期计划（BEDMAP Ⅱ）由于探测活动的增加（图 39），共收集了 2 500 万条数据，比 BEDMAP 要高出 2 个数量级，因而对多数地区的冰下山脉、峡谷、盆地和海沟的展示比之前的更为精细①。而 BEDMAP Ⅱ期间存在的 2 个精细探测空白区：伊丽莎白女王地（里卡弗里冰川－支撑力冰川间区域）和伊丽莎白公主地，则于最近完成了补充测量（Humbert et al., 2018; Cui et al., 2020）。

对于冰盖深部探测，俄罗斯、日本、欧洲和中国均制定并实施了深冰芯探测计划。近期计划包括：欧洲委员会（EC）启动了“后 EPICA”计划②，计划由 10 个欧盟国家的 12 个工作组在小冰穹 C（距康科迪亚站西南 34 km）建立营地，完成 2 750 m 冰厚的钻探，获取超过 150 万年的最长历史记录（Schiermeier, 2019），揭示以约 100 万年前为界、气候震荡周期从 4 万年变成 10 万年的机制（Brook and Buizert, 2018），2021/2022 年度已完成现场营地搭建并获取首钻冰芯样品。澳大利亚在其《澳大利亚南极战略和 20 年行动计划》中明确，将重建南极内陆断面考察能力，包括寻找并钻取具 100 万年记录冰芯。

7.2.2.2 南大洋考察

南大洋海洋活动，特别是在近岸区，主要依靠极地科考破冰船并多在夏季实施。就南大洋生物调查而言（图 40），部分区域的资料相对缺乏，这些区域主要包括夏季高海冰密集度区以及附近缺少通常由船在支撑保障的岸基考察站区。如玛丽・伯德地以北的南大洋海域，由于没有考察站或岛屿，对于高级捕食者的记录就很少。与此同时，阿蒙森海、别林斯高晋海的部分海域以及深水区，同样缺少对底栖生物的调查资料。

2009 年以来，40°S 以南的海域共布放了超过 5 700 个观测平台，但主要集中在对夏季开阔海域、2 000 m 以浅的物理参数观测，受冰影响的大洋区、海冰区和水深超过 2 000 m 的深水区，气－海－冰相互作用、生物地化和生物学参数以及夏季以外其他季节的观测仍然缺乏（Newman et al., 2019）。

南大洋国际地形图项目（IBCSO），覆盖 60°S 以南水域，由联合国教科文组织政府间海洋委员会、国际水文组织（IHO）和南极研究科学委员会（SCAR）共同倡议，数据源于 15 国 30 家机构、177 个多波束测量航次和大量单波束数据，按 500 m × 500 m 精度建立网格，第一版于 2013 年发布（Arndt et al., 2013），第二版于 2022 年发布，覆盖 50°S 以南。

---

① https://www.bas.ac.uk/project/bedmap-2/#about。

② EPICA计划（1996—2005年）为欧盟项目，由比利时、丹麦、法国、德国、意大利、荷兰、挪威、瑞典、瑞士和英国10国合作，在冰穹C的康科迪亚站（Concordia）钻取冰芯，恢复了过去80万年的气候和温室气体历史。“后EPICA”计划（2019—2026年）则计划在康科迪亚站附近寻找并钻取最古老冰芯。

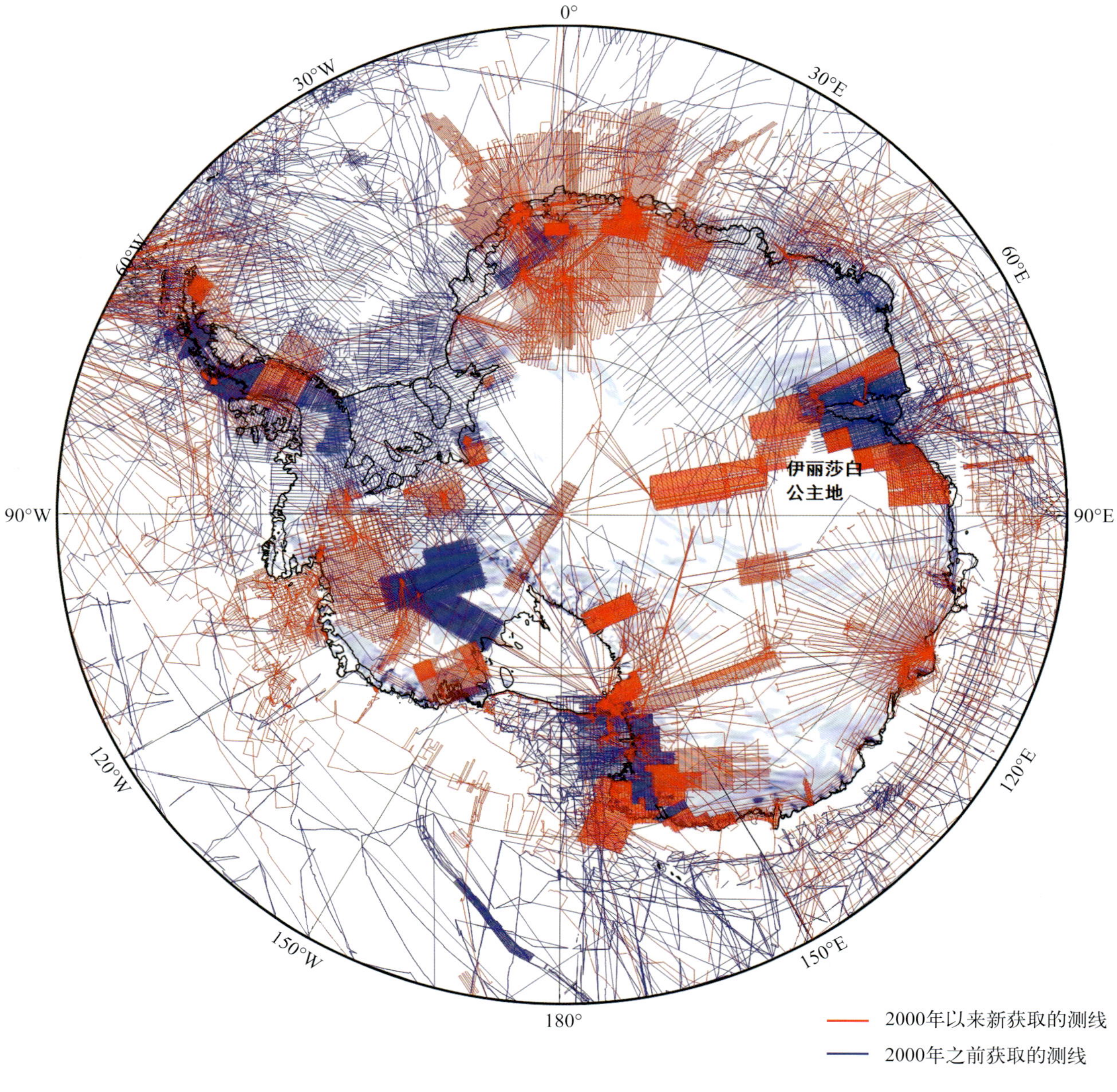

图39　南极地磁测线

（引自Golynsky et al., 2018）

说　明

1. 底图引自https://blogs.agu.org/geospace/2018/07/17/new-magnetic-anomaly-map-helps-unveil-antarctica/。

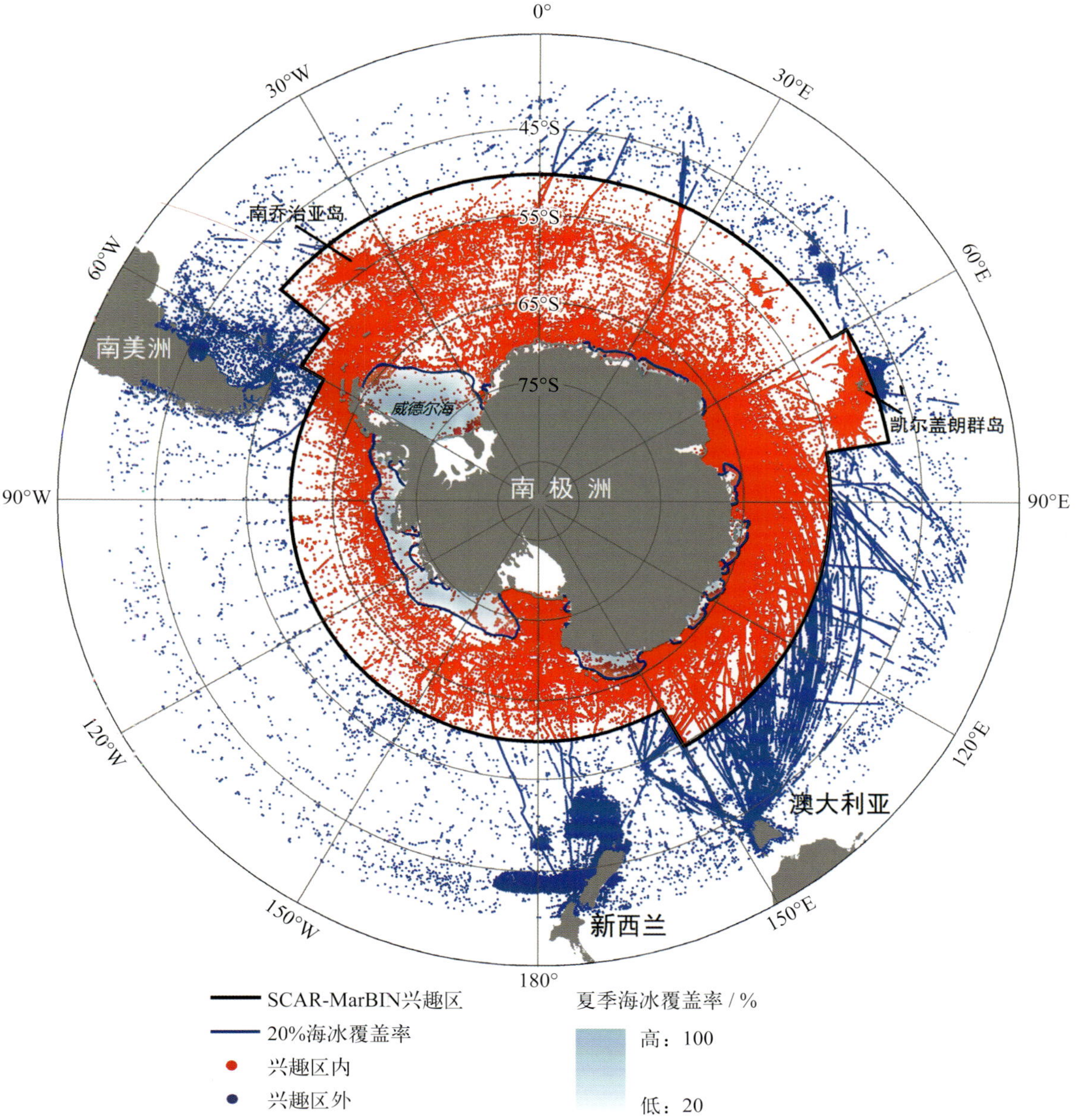

图40　40°S以南生物采样站位示意图

（引自Koubbi et al., 2014）

说　明

1. 图为生物分区所采用的40°S以南的考察站点资料，包括从约434 000个不同采样点获得的9 064个鉴定种的1.07万条记录。

2. 就生物调查而言，威德尔海、别林斯高晋和阿蒙森海的夏季冰区几乎没有调查，而别林斯高晋和恩德比深海平原的调查也非常有限。

3. 黑线范围为南极研究科学委员会海洋生物多样性信息网（SCAR-MarBIN）项目兴趣区。

4. 底图引自https://images.vice.com/motherboard/content-images/contentimage/14904/1409580912375837.jpg。

7.3 南极保护区设置

1959 年签订的《南极条约》并未直接规定南极生态环境保护的具体要求，只是就禁止南极洲用于军事目的、试验核爆炸和处置放射性物质做出了规定。生态环境保护议题正式写入《南极条约》，则要追溯到 1964 年第 3 届《南极条约》协商国会议通过的《南极动植物保护协议措施》，该协议首次提出在南极设立“特别保护区”的概念，并将整个南极洲指定为特别养护区域（Special Conservation Area）。之后，生态环境保护扩展至南大洋海域，《保护南极海豹公约》（1972）、《南极海洋生物资源养护公约》（1980）是标志性的两项海洋生态环境保护协议。进入 20 世纪 90 年代后，南极环境保护议题取得重要突破，协商国最终一致决定通过《关于环境保护的南极条约议定书》（以下简称《议定书》）。《议定书》及其附件 5“区域保护与管理”确立了南极洲环境保护的重要内容，至此南极洲保护区制度得以正式确立。设立南极保护区是《南极条约》体系赋予缔约国的重要权利，在获准设立的保护区内，设立国的管理内容包括制订管理计划、定期监测评估、提交延期或终止申请等。

南极环境保护委员会[①]（CEP）在 2002 年对原有各类保护区重新划分为南极特别保护区（ASPA）、南极特别管理区（ASMA）以及南极历史遗址和纪念区（HSMs）。ASPA 旨在保护南极地区的环境、科学、历史、美学与荒野价值，进入 ASPA 须得到各国南极管理部门的许可；ASMA 旨在协调管理区域内的基建活动以避免潜在冲突，在 ASMA 内建立基础设施，需要设立国的同意；HSMs 主要是为了保护各国南极活动历史中具有重要纪念价值的遗迹。

截至 2023 年，CEP 共设立 ASPA 75 个，总面积为 3 512 km^2（地理位置详见图 41）。美国设立了 16.5 个 ASPA，数量最多，面积占总面积的 67%。我国单独设立和参与设立的 ASPA 共 4 个，面积为 119 km^2，占总面积的 3.6%。目前，CEP 共有效运行 ASMA 6 个，总面积为 48 601 km^2。美国设立 ASMA 数量最多，面积最大，占总面积的 80%，也是唯一单独设立 ASMA 的协商国，单独设立了 2 个 ASMA，占总面积的 61%。中国与澳大利亚、俄罗斯、印度联合设立了拉斯曼丘陵特别管理区，面积为 252.54 km^2，而美国单独设立的阿蒙森 – 斯科特南极点站 ASMA 面积高达 26 286.03 km^2[②]。截至 2023 年，19 个协商国单独（少数联合）设立了 95 个历史遗迹保护区。

现有针对南极陆地生物多样性保护的 ASPA 面积过小，急需对保护区网络进行拓展（Coetzee et al., 2017）。例如，南极半岛东北部受干扰面积约为该地区 ASPA 面积的两倍（Brooks et al., 2019）。

---

① 依据《议定书》第11条设立，旨在就本议定书（含附件）的执行情况向缔约方提供咨询意见和建议，供南极条约协商会议审议，以及履行南极条约协商会议可能提到的其他职能。

② https://www.ats.aq/devPH/apa/ep_protected.aspx?lang=e&lang=e。

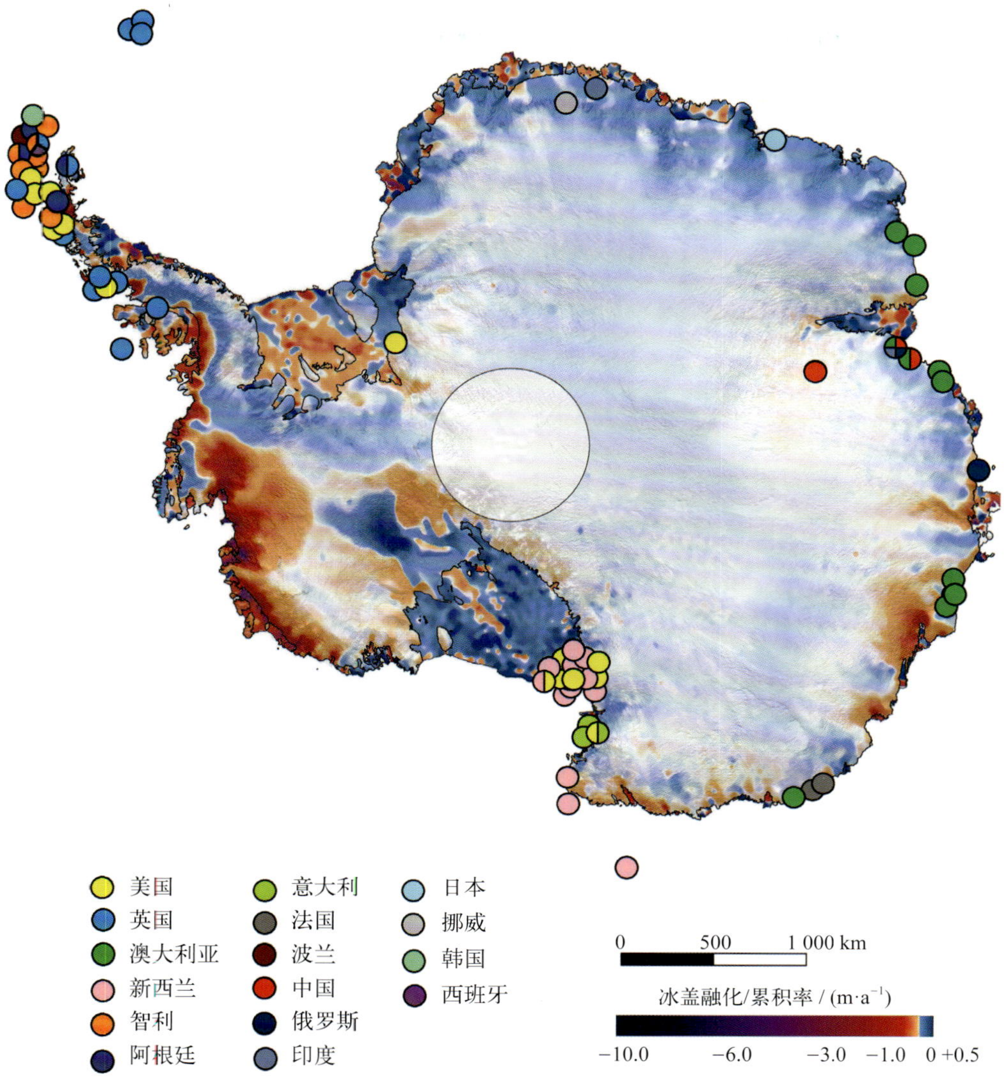

图41　各国提议成立的南极特别保护区分布

（数据来源https://www.ats.aq/index_e.html；底图引自Smith et al., 2020）

说　明

1. 南极特别保护区相对比较集中，最多的为罗斯海的麦克默多地及周边地区，共有保护区14个；其次是南设得兰群岛和南极半岛地区，分别有13个。

2. 根据南极条约秘书处网站资料，截止2023年，有16个国家参与了南极特别保护区建设；各国设立数量从多到少按顺序为美国（16.5）> 英国（12.8）> 澳大利亚（10.8）> 新西兰（10）> 智利（6.9）> 阿根廷（3）> 意大利（2.8）> 中国（2.2）> 法国（2）= 波兰（2）≥ 韩国（1.3）> 俄罗斯（1.2）= 印度（1.2）> 日本（1）= 挪威（1）> 西班牙（0.3）。计算方式：有2个国家共同申请，各国数量按0.5和0.5计；有3个国家共同提议，各国数量据排序按0.4、0.3、0.3计；有4个国家共同提议，各国数量据排序按0.3、0.3、0.2、0.2计。

3. 底图为2003—2019年间冰盖融化/累积率（Smith et al., 2020）。

7.4 南极旅游

南极旅游活动是当前南极经济利用的主要活动之一。南极旅游根据出行工具可分为乘船旅游、乘飞机旅游，以及乘飞机和乘船混搭旅游。其中乘船旅游根据观光内容又可分为乘船上岸游和乘船海上游，前者的交通工具主要是中、小型旅游船，而后者通常是可搭乘 500 ~ 3 000 人的大型邮轮。目前，共有约 40 艘旅游船从事南极旅游活动。乘飞机旅游则可分为登陆旅游和空中观光旅游。旅游项目除了观光外，也包括登山、远足、宿营、划皮划艇和潜水等。旅游时间主要集中在南半球夏季（11 月至翌年 3 月）。

20 世纪 80 年代以来，南极商业旅游形成了 3 条旅游线路：①南美洲南极门户城市—西南极洲南极半岛；②大洋洲南极门户城市—罗斯海和横贯南极山脉地区；③非洲南极门户城市—东南极洲毛德皇后地。第 1 条线路旅游船母港在南美，这些船主要从阿根廷的乌斯怀亚和马尔维纳斯群岛（英称福克兰群岛）出航，部分从智利的彭塔、阿根廷的布宜诺斯艾利斯或马德林港出航，主要旅游目的地是南极半岛地区，也有部分线路前往亚南极的南乔治亚群岛和福克兰群岛。后两条旅游线路主要是乘飞机旅游，偶尔也有旅游船从南非的开普敦，澳大利亚佩斯、霍巴特和新西兰基督城出发，目的地是罗斯海地区、南极或亚南极岛屿。从国际南极旅游业者协会（IAATO）[①] 的统计数据来看，绝大多数集中在南极半岛西北海岸及周边岛屿（图 42）。

南极商业旅游发展迅速。IAATO 吸纳了目前国际上绝大部分南极旅游企业作为其成员。据统计，2023 年该协会共有 108 家会员企业，其中独立运营商 56 家，代理商 52 家。会员来自美国、英国和澳大利亚的企业最多。中国有 4 家旅游企业成为了 IAATO 会员，但全部从事国外运营商南极旅游产品的销售业务，尚未有独立运营商。

南极旅游人数呈稳步增长趋势，在新冠疫情前的 2019/2020 年度到达高值，数量高达 74 401 人。其中，搭乘游船上岸游仍是首选，2019/2020 年度搭乘游船前往南极半岛地区旅游的人数比例高达南极旅游总人数的 67%。据 IAATO 近十年（2012—2021 年）的统计，十大游客来源国按数量从高到低分别为美国（约占 1/3）、中国（约占 1/6）、澳大利亚、英国、德国、加拿大、法国、荷兰、日本和新西兰，中国成为游客人数增长最快的国家。

南极旅游曾发生过几次重大事故。1979 年 11 月 28 日，新西兰航空 TE901 航班在南极遇到白化天气而撞山（罗斯岛埃里伯斯火山）坠毁，机上 237 名乘客及 20 名机员全部罹难。2007 年 11 月 23 日，抗冰等级为 1A 级[③] 的利比里亚籍“探索”号在布兰斯菲尔德海峡冰区撞上厚冰，导致船体破损进水，最终在距乔治王岛东南约 40 km 的海域沉没。虽然所有人员安全获救。但约 178 m^3 柴油、24 m^3 润滑油以及 1 200 L 汽油随船沉入海底。南极旅游人数屡创新高，如何切实保护南极环境已成为国际社会关注的焦点。

① 国际南极旅游业者协会是一个成立于1991年、倡导并推动私营机构开展安全、环保南极旅游的会员制组织。
② 由于南极旅游主要集中在南半球夏季，旅游人数按跨年度统计，从当年11月至翌年3月。
③ 据芬兰-瑞典冰级规范，抗冰船的抗冰等级从高到低分为1A+、1A、1B、1C和2（即1D）5个等级。

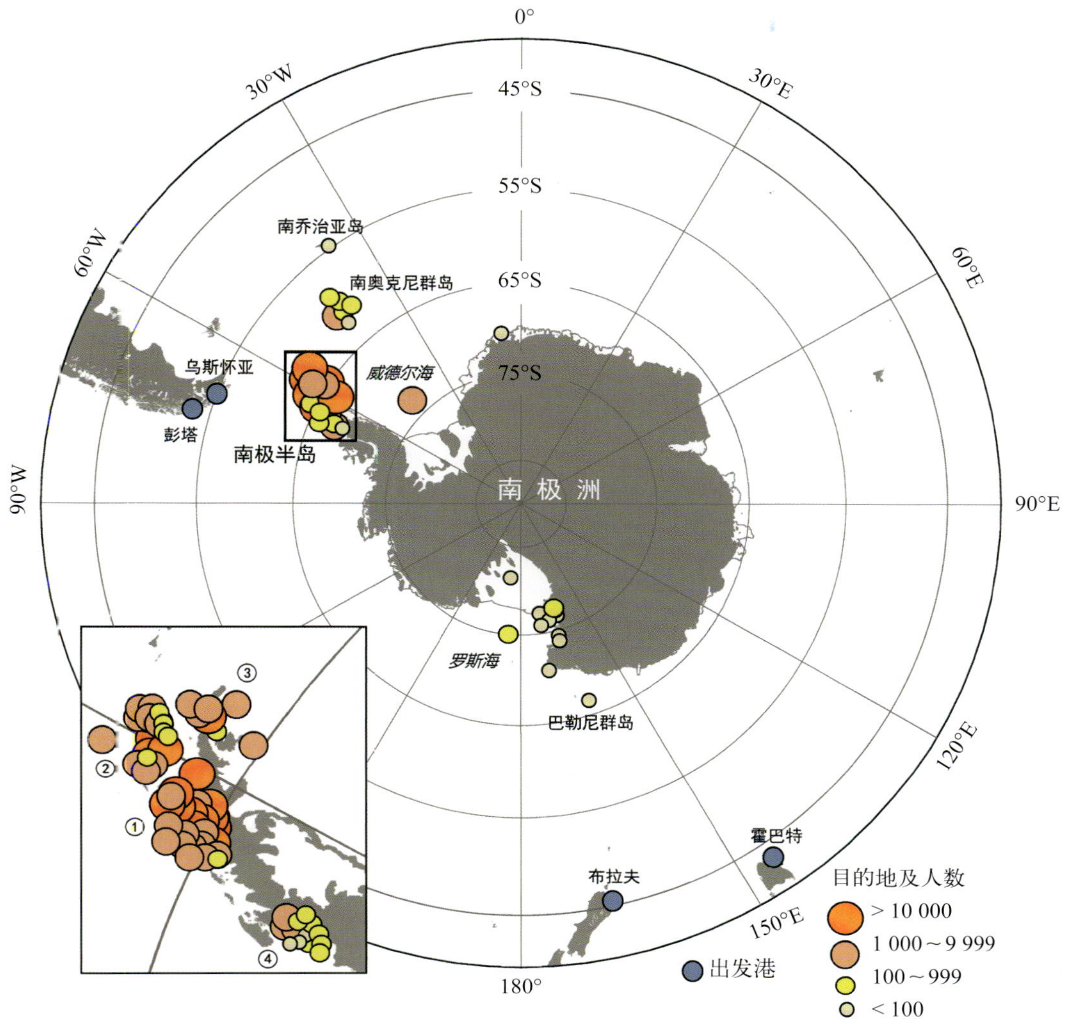

图42　2018/2019年度旅游目的地及游客数量统计

（据IAATO数据）

说　明

1. 2018/2019年度共有246个旅游目的地，主要集中在南极半岛地区（含周边岛屿）；该地区按游客数量主要集中在4个区域：①杰拉许海峡（Gerlache Strait）及周边地区；②南设得兰群岛地区；③南极半岛顶部区域；④罗瑟拉站（英）周边地区。

2. 据IAATO的统计，2016—2022年（不含2020/2021年度）期间访问批次最多的十大旅游目的地从高到低排列分别为：尼科港（Neko Harbor）、库韦维尔岛（Cuverville Island）、惠勒斯湾（Whalers Bay）、古迪耶岛（Goudier Island）、半月岛（Half Moon Island）、当科岛（Danco Island）、布朗站（Brown Station）、茹格拉角（Jougla Point）、米克尔森港（Mikkelsen Harbor）、彼得曼岛（Petermann Island）），均集中在①区域和②区域。

参考文献

丁巍伟，尹希杰，梁瑞才，等，2018. 南极大陆边缘形成演化与资源效应 [M]. 北京：海洋出版社，242.

杜民，邓希光，杨永，等，2016. 南极罗斯海盆地油气地质条件及资源潜力研究 [J]. 极地研究，28(1): 113–122.

林祥，卞林根，2017. 南极长城站和中山站的近期气候变化及其对南极涛动的响应 [J]. 极地研究，29(3): 357–367.

史久新，2018. 南极冰架 – 海洋相互作用研究综述 [J]. 极地研究，30(3): 287–302.

ACHBERGER A M, CHIRISTNER B C, MICHAUD A B, et al., 2016. Microbial community structure of subglacial lake Whillans, west Antarctica[J]. Frontiers in Microbiology, 7: 1457.

AGRELO M, FÁBIO G, DAURA-JORGE F G, et al., 2021. Ocean warming threatens southern right whale population recovery[J]. Science Advances, 7(42): 10.1126/sciadv.abh2823.

AITKEN A R A, YONG D A, FERRACCIOLI F, et al., 2014. The subglacial geology of Wilkes Land, East Antarctica[J]. Geophysical Research Letters, 41(7): 2390–2400.

ARNDT J E, SCHENKE H W, JAKOBSSON M, et al., 2013. The International Bathymetric Chart of the Southern Ocean (IBCSO) Version 1.0——A new bathymetric compilation covering circum-Antarctic waters[J]. Geophysical Research Letters, 40(12): 3111–3117.

ARRIGO K R, WORTHEN D L, LIZOTTE M P, et al., 1997. Primary production in Antarctic sea ice[J]. Science, 276: 394–397.

ARRIGO K R, VAN DIJKEN G L, BUSHINSKY S, 2008. Pimary production in the Southern Ocean, 1997–2006[J]. Journal of Geophysical Research, 113(C08004): doi: 10.1029/2007JC004551.

ASHTON G V, MORLEY S A, BARNES D K A, et al., 2017. Warming by 1°C drives species and assemblage level responses in Antarctica's marine shallows[J]. Current Biology, 27: 2698–2705.

ATKINSON A, HILL S L, PAKHOMOV E A, et al., 2019. Kirll (*Euphausia superba*) distribution contracts southward during rapid regional warming[J]. Nature Climate Change, 9: 142–147.

ATKINSON A, SIEGEL V, PAKHOMOV E A, 2009. A re-appraisal of the total biomass and annual production of Antarctic krill[J]. Deep Sea Research, 56: 727–740.

AUGER M, MORROW R, KESTENARE E, et al., 2021. Southern Ocean in-situ temperature trends over 25 years emerge from interannual variability[J]. Nature Communications, 12(514): https://doi.org/10.1038/s41467-020-20781-1.

AWART N C, GILLE S T, FYFE J C, et al., 2018. Recent Southern Ocean warming and freshening driven by greenhouse gas emissions and ozone depletion[J]. Nature Geoscience, 11: 836–841.

BAKER A J, PEREIRA S L, HADDRATH O P, et al., 2006. Multiple gene evidence for expansion of extant penguins out of Antarctica due to global cooling[J]. Proceedings of the Royal Society B-Biological Sciences, 273 (1582): 11–17.

BARBRAUD C, WEIMERSKIRCH H, 2001. Emperor penguins and climate change[J]. Nature, 411: 183–186.

BARNES D A, SOUSTER T, 2011. Reduced survival of Antarctic benthos linked to climate-induced iceberg scouring[J]. Nature Climate Change, 1: 365–368.

BEDNARŠEK N, TARLING G A, BAKKER D C E, et al., 2012. Extensive dissolution of live pteropods in the Southern Ocean[J]. Nature Geoscience, 5: 881–885.

BESZTERI S, THOMS S, BENES V, et al., 2018. The response of three Southern Ocean phytoplankton species to ocean acidification and light availability: a transcriptomic study[J]. Protist, 169: 958–975.

BREITZKE M, 2014. Overview of seismic research activities in the Southern Ocean-quantifying the environmental impact[J]. Antarctic Science, 26 (1): 80–92.

BRONSELAER B, WINTON M, GRIFFIER S M, et al., 2018. Change in future climate due to Antarctic meltwater[J]. Nature, 564L: 53–58.

BROOK E J, BUIZERT C, 2018. Antarctic and global climate history viewed from ice cores[J]. Nature, 558: 200–208.

BROOKS C M, AINLEY D G, ABRAMS P A, et al., 2018. Antarctic fisheries: factor climate change into their management[J]. Nature, 558: 177–180.

BROOKS S T, JABOUR J, VAN DEN HOOF J, et al., 2019. Our footprint on Antarctica competes with nature for rare ice-free land[J]. Nature Sustainability, 2: 185–190.
BRUCKHAUSEN P M, RAYMONO J A, JACOBS S S, et al., 1979. Fish, crustaceans, and the sea floor under the Ross Ice Shelf[J]. Science, 203(4379): 449–451.
BURTON-JOHNSON A, BLACK M, FRETWELL PT, et al., 2016. An automated methodology for differentiating rock from snow, clouds and sea in Antarctica from Landsat 8 imagery: a new rock outcrop map and area estimation for the entire Antarctic continent[J]. The Cryosphere, 10(4): 1665–1667.
CANNONE N, MALFASI F, FAVERO-LONGO S E, et al., 2022. Acceleration of climate warming and plant dynamics in Antarctica[J]. Current Biology, 32(7): 1599–1606.
CARTER L, MCCAVE I N, WILLIAMS M J M, 2008. Circulation and water masses of the Southern Ocean: a review[M]//Antarctic Climate Evolution. Florindo: Elsevier: 85–114.
CHARETTE M A, GILLE S T, SANDERS R J, et al., 2011. Southern Ocean natural iron fertiliation[J]. Deep Sea Research Ⅱ, 90: 1–3.
CHRISTNER B C, PRISCU J C, ACHBERGER A M, et al., 2014. A microbial ecosystem beneath the West Antarctic ice sheet[J]. Nature, 514(7522): 394.
CHWEDORZEWSKA K J, GIEŁ WANOWSKA I, OLECH M, et al., 2014. *Poa annua* L. in the maritime Antarctic: an overview[J]. Polar Record, 51(6): 637–643.
CHOWN S L, FRASER C I, 2015. The changing form of Antarctic biodiversity[J]. Nature, 522: 431–438.
CIMINO M A, LYNCH H J, SABA V S, et al., 2016. Projected asymmetric response of Adélie penguins to Antarctic climate change[J]. Scientific Reports, 6: 28785.
CLAKE A, GRIFFITHS H J, BAMES D K A, 2009. Spatial variation in seabed temperatures in the Southern Ocean: Implications for benthic ecology and biogeography[J]. Journal of Geophysical Research, 114: G03003.
CLEM K R, FOGT R L, TURNER J, et al., 2020. Record warming at the South Pole during the past three decades [J]. Nature Climate Chang, 10: 762–770.
COETZEE B W T, CONVEY P, CHOWN S L, 2017. Expanding the protected area network in Antarctica is urgent and readily achievable[J]. Conservation Letters, 10: 670–680.
COLESIE C, WALSHAW C V, SANCHO L G, 2023. Antarctica's vegetation in a changing climate[J]. Wiley Interdisciplinary Reviews Climate Change, 14: e810.
CONVEY P, CHOWN S L, CLARKE A, et al., 2014. The spatial structure of Antarctic biodiversity[J]. Ecological Monographs, 84(2): 203–244.
COOK R A, DAVEY F J, 1990. Hydrocarbon exploration and potential, Antarctic sector of the Pacific[M]//Glasby, et al. Antarctic Sector of the Pacific. New York: Elsevier: 155–185.
CRISTOFARI R, BERTORELLE G, ANCEL A, et al., 2016. Full circumpolar migration ensures evolutionary unity in the Emperor penguin[J]. Nature Communications, 7: 11842.
CUI X, JEOFRY H, GREENBAUM J S, et al., 2020. Bed topography of Princess Elizabeth Land in East Antarctica[J]. Earth System Science Data, 12: 2765–2774.
DAI A, TRENBERTH K E, 2002. Estimates of freshwater discharge from continents: latitudinal and sea seasonal variations[J]. Journal of Hydrometeorology, 3: 660–687.
DALY M, RACK F, ZOOK R, 2013. *Edwardsiella andrillae*, a new species of sea anemone from Antarctic ice[J]. PloS ONE, 8 (12): e83476.
DAMIANI T M, 2008. Gravity analyses for the crustal structure and subglacial geology of West Antarctica, particularly beneath Thwaites Glacier[J]. Dissertations theses Gradworks, http://hdl.handle.net/2152/18359.
DAVIS C L, VENTURELLI R A, MICHAUD A B, et al., 2023. Biogeochemical and historical drivers of microbial community composition and structure in sediments from Mercer Subglacial Lake, West Antarctica[J]. ISME Communications, 3(8): https://doi.org/10.1038/s43705-023-00216-w.
DE BROYER C, KOUBBI P, GRIFFITHS H J, et al., 2014. Biogeographic Atlas of the Southern Ocean[M]. Cambridge: Scientific Committee on Antarctic Research: Ⅻ + 498.

DECONTO R, POLLARD D, 2016. Contribution of Antarctica to past and future sea-level rise[J]. Nature, 531: 591–597.

DEPPELER S L, DAVIDSON A T, 2017. Southern Ocean hytoplankton in a changing climate[J]. Frontiers in Marine Science, 4: 1–28.

DEVRIES T, HOLZER M, PRIMEAU F, 2017. Recent increase in oceanic carbon uptake driven by weaker upper-ocean overturning[J]. Nature, 542: 215–218.

DIEZ A, MATSUOKA K, JORDAN T A, et al., 2019. Patchy lakes and topographic origin for fast flow in the Recovery Glacier system, East Antarctica[J]. Journal of Geophysical Research: Earth Surface, 124: 287–304.

DOUGLASS L L, TURNER J, GRANTHAM H S, et al., 2014. A hierarchical classification of benthic biodiversity and assessment of protected areas in the Southern Ocean[J]. PloS ONE, 9(7): e100551.

DREWRY D J, 1983. Antarctica: Glaciological and Geophysical Folio[J]. Scott Polar Research Institute, University of Cambridge. ISBN 0-901021-04-0.

DUHAMEL G, HULLEY P A, CAUSSE R, et al., 2014. Chapter 7. Biogeogaphic patterns of fish[M]//De Broyer C, Koubbi P, Griffiths H J, et al. Biogeographic Atlas of the Southern Ocean. Cambridge: Scientific Committee on Antarctic Research: 328–362.

EASTMAN J T, 2005. The nature of the diverisity of Antarctic fishes[J]. Polar Biology, 28: 93–107.

EHRMANN W U, MACHENSEN A, 1992. Sedimentological evidence for the formantion of an East Antarctic ice sheet in Eocene/Oligocene time[J]. Palaeogeography, Palaeocliamtology, Palaeoecology, 93: 85–112.

EMSLIE S D, PATTERSON W P, 2007. Abrupt recent shift in $\delta^{13}C$ and $\delta^{15}N$ values in Adélie penguin eggshell in Antarctica[J]. Proceedings of the National Academy of Sciences, 104 (28): 11666–11669.

FERNANDOY F, TETZNER D, MEYER H, et al., 2018. New insights into the use of stable water isotopes at the northern Antarctic Peninsula as a tool for regional climate studies[J]. The Cryosphere, 12: 1069–1090.

FERRACCIOLI F, FINN C A, JORDAN T A, et al., 2011. East Antarctic rifting triggers uplift of the Gamburtsev Mountains[J]. Nature, 479: 388–392.

FONS S, KURTZ N, BAGNARDI M, 2023. A decade-plus of Antarctic sea ice thickness and volume estimates from CryoSat-2 using a physical model and waveform fitting[J]. The Cryosphere, 17(6): 2487–2508.

FOX D, 2019. Exclusive: tiny animal carcasses found in buried Antactic lake[J]. Nature, 565: 405–406.

FRASER C I, CONNELL L, LEE C K, et al., 2018. Evidence of plant and aninal communities at exposed and subglacial (cave) geohernmal sites in Antarctica[J]. Polar Biology, 41(3): 417–421.

FRENOT Y, WHINAM J, CONVEY P, et al., 2005. Biological invasions in the Antarctic: extent, impacts and implications[J]. Biology Reviews, 80: 45–72.

FRETWELL L O, PRITCHARD H D, VAUGHAN D G, et al., 2013. Bedmap2: improved ice bed, surface and thickness datasets for Antarctica[J]. The Cryosphere, 7: 375–393.

FRETWELL P T, LARUE M A, MORIN P, et al., 2012. An emperor penguin population estimate: The first global, synoptic survey of a species from space[J]. PloS ONE, 7: e33751.

GAO Y, YANG L, XIE Z, 2018. Last millennium Adélie penguin mortality and colony abandonment events on Long Peninsula, East Antarctica[J]. Journal of Grophysical Research, 123(9): 2878–2889.

GARDNER A S, MOHOLDT G, SCAMBOS T, et al., 2018. Increased West Antarctic and unchanged East Antarctic ice discharge over the last 7 years[J]. Cryosphere, 12: 521–547.

GOLYNSKY A V, FERRACCIOLI F, HONG J K, et al., 2018. New magnetic anomaly inap of the Antaritic[J]. Geophysical Researth Letters, 45(13): 6437–3449.

GONZÁLEZ-HERRERO S, BARRIOPEDRO D, TRIGO R M, et al., 2020. Climate warming amplified the 2020 record-breaking heatwave in the Antarctic Peninsula[J]. Communications Earth and Environment, 3(122): https://doi.org/10.1038/s43247-022-00450-5.

GRAMLING C, 2015. Mysterious Antarctic lake will remain out of reach[J]. Science, 350: 494.

GRIFFITHS H J, MEIJERS A J S, BRACEGIRDLE T J, 2017. More losers than winners in a century of future Southern Ocean sea floor warming[J]. Nature Climate Change, 7: 749–754.

GRIGGS J, BAMBER J, 2011. Antarctic ice-shelf thickness from satellite radar altimetry[J]. Journal of Glaciology,

57: 485–498.

GUTT J, CAPE M, DIMMLER W, et al., 2013. Shifts in Antarctic megabenthic structure after ice-shelf disintegration in the Larsen area east of the Antarctic Peninsula[J]. Polar Biology, 36: 895–906.

HAUMANN F A, GRUBER N, NUNNICH M, et al., 2016. Sea ice transport driving Southern Ocean salinity and its recent trends[J]. Nature, 537: 89–92.

HAURI C, FRIEDRICH T, TIMMERMANN A, 2016. Abrupt onset and prolongation of aragonite understuration events in the Southern Ocean[J]. Nature Climate Change, 6: 172–176.

HERR H, VIQUERAT S, DEVAS F, et al., 2022. Return of large fin whale feeding aggregations to historical whaling grounds in the Southern Ocean[J]. Scientic Reports, 12(9458): https://doi.org/10.1038/s41598-022-13798-7.

HILL P W, FARRAR J, ROBERTS P, et al., 2011. Vascular plant success in a warming Antarctic may be due to efficient nitrogen acquisition[J]. Nature Climate Change, 1: 50–53.

HILL S L, PHILLIPS T, ATKINSON A, 2013. Potential climate change effects on the habitat of Antarctic krill in the Weddell Quadrant of the Southern Ocean[J]. PloS ONE, 8: e72246.

HOBBS W R, MASSOM R, STAMMERJOHN S, et al., 2016. A review of recent changes in Southern Ocean sea ice, their drivers and forcings[J]. Global Planet Change, 143: 228–250.

HODSON A, NOWAK A, SABACKA M, et al., 2017. Climatically sensitive transfer of iron to maritime Antarctic ecosystems by surface runoff[J]. Nature Communication, 8: 14499.

HOGG A E, GUDMUNDSSON G H, 2017. Impacts of the Larsen-C Ice Shelf calving event[J]. Nature Climate Change, 7: 540–542.

HOLLAND P R, 2014. The seasonality of Antarctic sea ice trends[J]. Geophysical Research Letters, 41: 4230–4237.

HOLLAND P R, BRUNEAU N, 2014. Modeled trends in Antarctic sea ice thickness[J]. Journal of Climate, 27: 3784–3801.

HOOKER S, 2018. Sea changes: whales, krill and human exploitation[J]. Nature, 558: 184–185.

HOPPE C J M, HOLTZ L M, TRIMBORN S, et al., 2015. Ocean acidification decreases the light-use efficiency in an Antarctic diatom under dynamic but not constant light[J]. New Phytologist, 207: 159–171.

HUMBERT A, STEINHAGE D, HELM V, et al., 2018. Missing evidance of widespread subglacial lakes at recovery glacier, Antarctica[J]. Journal Geophysical Research: Earth Surface, 123(11): 2802–2826.

IHO (INTERNATIONAL HYDROGRAPHIC ORGANIZATIONS), 2002. Limits of Oceans and Seas (drift 4th edition). Chapter 10: Southern Ocean and its sub-divisions[R]. IHO Publication S-23: 16.

INTERNATIONAL WHALING COMMISSION, 2013. Reports of the subcommittee on in-depth assessments[J]. The Journal of Cetacean Research and Management, 14: 195–213.

IPCC (INTERGOVERNMENTAL PANEL ON CLIMATE CHANGE), 2014. Climate Change 2014: Synthesis Report, Contribution of Working Groups Ⅰ, Ⅱ and Ⅲ to the Fifth Assessment Report of the Intergovernmental Panel on Climate Change[R]. IPCC, Geneva, Switzerland: 151.

IPCC, 2013. Climate Change 2013: The Physical Science Basin. Contribution of Working Group I to the Fifth Assessment Report of the Intergovernmental Panel on Climate Change[R]. Cambridge: Cambridge University Press: 1535.

JACQUELINE G, ALFONSO D, DENIS L, et al., 2016. Nearing the cold-arid limits of microbial life in permafrost of an upper dry valley, Antarctica[J]. The ISME Journal, 10: 1613–1624.

JAMIESON S S R, ROSS N, GREENBAUM J S, et al., 2016. An extensive subglacial lake and canyon system in Princess Elizabeth Land, East Antarctica[J]. Geology, 44(2): 87–90.

JAMIESON S S R, STOKES C R, ROSS N, et al., 2014. The glacial geomorphology of the Antarctic ice sheet bed[J]. Antarctic Science, 26(6): 724–741.

JENA B, BAJISH C C, TURNER J, et al., 2022. Record low sea ice extent in the Weddell Sea, Antarctica in April/May 2019 driven by intense and explosive polar cyclones[J]. Npj Climate and Atmosphere Science, 5(19): https://doi.org/10.1038/s41612-022-00243-9.

JENKINS A, DUTRIEUX P, JACOBS S S, et al., 2010. Observations beneath Pine Island Glacier in West Antarctica and implications for its retreat[J]. Nature Geoscience, 3(7): 468–472.

JENOUVRIER S, CASWELL H, BARBRAUD C, et al., 2009. Demographic models and IPCC climate projections predict the decline of an emperor penguin population[J]. Proceedings of the National Academy of Sciences, 106(27): 11425.

JENOUVRIER S, HOLLAND M, STROEVE J, et al., 2014. Projected continent-wide declines of the emperor penguin under climate change[J]. Nature Climate Change, 4: 715–718.

KAISER J, 2002. Antarctic ice shelf collapses[J]. Science, 295: 5564.

KAWAGUCHI S, ISHIDA A, KING R, et al., 2013. Risk maps of Antarctic krill under projected Southern Ocean acidification[J]. Nature Climate Change, 3 (9): 843–847.

KAWAGUCHI S, KURIHARA H, KING R, et al., 2010. Will krill fare well under Southern Ocean acification[J]. Biology Letters, 7(2): 288–291.

KIMURA S, JENKINS A, FUTRIEUX P, et al., 2016. Ocan mixing beneath Pine Island Glacier ice shelf, West Antarctica[J]. Jouranl of Geophysical Research, 121(12): 8496–8510.

KING J, 2014. Climate science: A resolution of the Antarctic paradox[J]. Nature, 505: 491–492.

KINGSTON J, 1992. The undiscovered oil and gas of Antarctica[R]. U.S. Department of the Interior, U.S. Geological Survey.

KNIGHT K, 2018. Emperor penguins may snack to shorten record fast[J]. Journal of Experimental Biology, 221: jeb174227.

KOCK K H, KELLERMANN A, 1991. Reproduction in Antarctic notothenioid fish[J]. Antarctic Science, 3: 125–150.

KONRAD H, SHEPHERD A, GILBERT L, et al., 2018. Net retreat of Antarctic glacier grounding lines[J]. Nature Geoscience, 11: 258–262.

KOUBBI P, DE BROYER C, GRIFFITHS H, et al., 2014. Chapter 12. Couclusions: present and future of Southern Ocean biogeography[M]//De Broyer C, Koubbi P, Griffiths H J, et al. Biogeographic Atlas of the Southern Ocean. Cambridge: Scientific Committee on Antarctic Research: 470–475.

KRÜGER L, HUERTA M F, SANTA CRUZ F, et al., 2020. Antarctic krill fishery effects over penguin populations under adverse climate conditions: Implications for the management of fishing practices[J]. Ambio, https://doi.org/10.1007/s13280-020-01386-w.

KURTZ N T, MARKUS T, 2012. Satellite observations of Antarctic sea ice thickness and volume[J]. Journal of Geophysical Research, 117: C08025.

KUSAHARA K, 2020. Interannual-to-multidecadal responses of Antarctic ice shelf–ocean interaction and coastal water masses during the twentieth century and the early twenty-first century to dynamic and thermodynamic forcing[J]. Journal of Climate, 33 (12): 4941–4973.

LANCE V P, HISCOCK M R, HILTING A K, et al., 2007. Primary productivity, differential size fraction and pigment composition responses in two Southern Ocean in situ iron enrichments[J]. Deep Sea Research, 54: 747–773.

LEE J R, RAYMOND B, BRACEGIRDLE T J, et al., 2017. Climate change drives expansion of Antarctic ice-free habitat[J]. Nature, 547: 49–54.

LEVERMANN A, MENGEL M, 2014. Ice plug prevents irreversible discharge from East Antarctica[J]. Nature Climate Change, 4 (6): 451–455.

LI X, HOLLAND D M, GERBER E P, et al., 2014. Impacts of the north and tropical Atlantic Ocean on the Antarctic Peninsula and sea ice[J]. Nature, 505: 538–542.

LIU Y, MOORE J C, CHENG X, et al., 2015. Ocean-driven thinning enhances iceberg calving and retreat of Antarctic ice shelves[J]. PANS, 112(3): 3263.

LIVINGSTONE S J, LI Y, RUTISHAUSER A, et al., 2022. Subglacial lakes and their changing role in a warming climate[J]. Nature Reviews Earth and Environment, 3: 106–124.

LIZOTTE M P, 2001. The contributions of sea ice algae to Antarctic marine primary production[J]. American Zoologist, 41: 57–73.

LYNCH H J, LARUE M A, 2014. First global cencus of the Adélie Penguin[J]. The Auk, 131(4): 457–466.

LYTHE M B, VAUGHAN D G, BEDMAP CONSORTIUM, 2001. BED First global census of the Adélie Penguin.MAP: A new ice thickness and subglacial topographic model of Antarctica[J]. Journal of Geophysical Research, 106(B6): 11335–

11351.
MACDONALD D I M, 2007. Coal, Oil and Gas[M]//Riffenburgh B, et al. Encyclopedia of the Antarctic. New York: Taylor & Francis Group, 1: 268–269.
MALDONADO M T, SURMA S, PAKHOMOV E A, 2016. Southern Ocean biological iron cycling in the pre-whaling and present ecosystems[J]. Philosophical Transactions of the Royal Society A, 374: doi: 10.1098/rsta.2015.0292.
MARTIN A, MCMINN A, 2018. Sea ice, extremophiles and life on extra-terrestrial ocean worlds[J]. International Journal of Astrobiology, 17: 1–16.
MASSOM R A, SCAMBOS T A, BENNETTS L G, et al., 2018. Antarctic ice shelf disintegration trigged by sea ice loss and ocean swell[J]. Nature, 558: 383–389.
MEDLEY B, MCCONNELL J R, NEUMANN T A, et al., 2017. Temperature and snowfall in Western Queen Maud Land increasing faster than climate model projections[J]. Geophysical Research Letters, 45(3): 1472–1480.
MERRILL M D, 2016. GIS representation of coal-bearing areas in Antarctica[R]. U.S. Geological Survey Open-File Report 2016–1031: 3. (http://dx.doi.org/10.3133/ofr20161031)
MICHAUD A B, DORE J E, ACHBERGER A M, et al., 2017. Microbial oxidation as a methane sink beneath the West Antarctic Ice Sheet[J]. Nature Geoscience, 10: 582–586.
MILLER B S, MILLER E J, 2018. The seasonal occupancy and diel behaviour of Antarctic sperm whales revealed by acoustic minotoring[J]. Scientific Reports, 8: 5429.
MOORE J K, ABBOTT M R, 2000. Phytoplankton chlorophyll distribution and primary production in the Southern Ocean[J]. Journal of Geophysical Research, 105(C12): 28709–28722.
MORGAN F, BARKER G, KEYS H, 2007. Environmental domains of Antarctica. Version 2.0 final report[R]. Landcare Research New Zealand: 89.
MORLIGHEM M, RIGNOT E, BINDER T, et al., 2020. Deep glacial troughs and stabilizing ridges unveiled beneath the margins of the Antarctic ice sheet[J]. Nature geoscience, 13: 132–137.
MURPHY E J, THORPE S E, TARLING G A, et al., 2017. Restricted regions of enhanced growth of Antarctic krill in the circumpolar Southern Ocean[J]. Scientific Reports, 7: 6963.
NAVEEN R, HUMPHRIES G R W, 2017. State of Antarctic Penguins Report 2017[R]. Oceanites, Inc., Chevy Chase, MD, USA.
NEWMAN L, HEIL P, TREBILCO R, et al., 2019. Delivering sustained, coordinated, and integrated observations of the Southern Ocean for global impact[J]. Frontiers in Marine Science., https://doi.org/10.3389/fmars.2019.00433.
NOWLIN JR W D, KLINCK J M, 1986. The physics of the Antarctic Circumpolar Current[J]. Reviews of Geophysics, 24: 469–491.
ORSI A H, WHITWORTH III T, NOWLIN JR W D, 1995. On the meridional extent and fronts of the Antarctic Circumpolar Current[J]. Deep Sea Research, Part I, 42: 641–673.
PAOLO F S, FRICKER H A, PADMAN L, 2015. Volume loss from Antarctic ice shelves is accelerating[J]. Science, 348: 327–331.
PARKINSON C L, 2019. A 40-y record reveals gradual Antarctic sea ice increases followed by decreases at rates far ecxeeding the rates seen in the Arctic[J]. PNAS, 116(29): 14414–14423.
PATERSON J T, ROTELLA J J, ARRIGO K R, et al., 2015. Tight coupling of primary production and marine mammal reproduction in the Southern Ocean[J]. Proceeding of the Royal Society B: Biological Sciences, 282(1806): 20143137.
PAXMAN G G, JAMIESON S S, FERRACCIOLI F, et al., 2019. Subglacial geology and geomorphology of the Pensacola-Pole Basin, East Antarctica[J]. Geochemistry, Geophysics, Geosystems, 20(6): https://doi.org/10.1029/2018GC008126.
PETROU K, BAKER K G, NIELSEN D A, et al., 2019. Acidification diminishes diatom silica production in the Southern Ocean[J], Nature Climate Change, 9: 781–786.
PETTY A, 2014. Impact of atmospheric forcing on Antarctic Continental Shelf Water masses[D]. London: University College London.

PINEDA-METZ S E A, GERDES D, RICHTER C, 2020. Benthic fauna declined on a whitening Antarctic continental shelf[J]. Nature Communications, 11: 2226.

PIÑONES A, FEDOROV A V, 2016. Projected changes of Antarctic krill habitat by the end of the 21st century[J]. Geophysical Research Letters, 43: 8580–8589.

POPE J O, HOLLAND P R, ORR A, et al., 2017. The impacts of El Niño on the observed sea ice budget of West Antarctica[J]. Geophysical Research Letter, 44(12): 6200–6208.

PURICH A, ENGLAND M H, CAI W, et al., 2018. Impacts of broad-scale surface freshening of the Southern Ocean in a coupled climate model[J]. Journal of Climate, 31: 2613–2632.

PYNE S J, 1986. The Ice: A Journey to Antarctica[M]. Washington: University of Washington Press.

QIU J, 2017. The threat beneath Antarctica[J]. Nature, 544: 152–154.

RABOSKY D L, CHANG J, TITLE P O, et al., 2018. An inverse latitudinal gradient in speciation rate for marine fishes[J]. Nature, 559: 392–395.

RAMESH K J, SONI V K, 2018. Perspectives of Antarctic weather monitoring and research efforts[J]. Polar Science, 18: 183–188.

RIGNOT E, JACOBS S, MOUGINOT J, et al., 2013. Ice shelf melting around Antarctica[J]. Science, 341(6143): 266–270.

RIGNOT E, MOUGINOT J, SCHEUCHL B, 2011. Ice flow of the Antarctic ice sheet[J]. Science, 333: 1427–1430.

RIGNOT E, MOUGINOT J, SCHEUCHL B, et al., 2019. Four decades of Antarctic Ice Sheet mass balance from 1979–2017[J]. PNAS, 116: 1095–1103.

RINTOUL S R, 2018. The global influence of localized dynamics in the Southern Ocean[J]. Nature, 558: 209–218.

RINTOUL S R, HUGHES C W, OLBER D, 2001. The Antarctic Circumpolar Current system[M]//Siedler G, Church J, Gould J, et al. Ocean Cirulation and Climate. New York: Elsevier: 271–302.

RINTOUL S R, SILVANO A, PENA-MOLINO B, et al., 2016. Ocean heat drives rapid basal melt of the Totten Ice Shelf[J]. Science Advances, 2(12): e1601610.

RITZ C, EDWARDS T, DURAND G, et al., 2015. Potential sea-level rise from Antarctic ice-sheet instability constrained by observations[J]. Nature, 528: 115–118.

ROBIN G DE Q, EVANS S, BAILEY J T, 1969. Interpretation of radio echo sounding in polar ice sheets[J]. Philosophical Transactions of the Royal Society A, 265: 437–505.

ROBINSON S A, KING D H, BRAMLEY-ALVES J, et al., 2018. Rapid change in East Antarctic terrestrial vegetation in response to reginal drying[J]. Nature Climate Change, 8: 879–884.

ROPERT-COUDERT Y, HINDELL M A, PHILLIPS R, et al., 2014. Chapter 8. Biogeographic patterns of birds and mammals[M]//De Broyer C, Koubbi P, Griffiths H J, et al. Biogeographic atlas of the Southern Ocean. Cambridge: Scientific Committee on Antarctic Research: 364–387.

ROSE G, MCELROY C T, 1987. Resource report 2: Coal potential of Antarctica. Australian Government Publishing Service, Canberra.

SAHADE R, LAGGER C, TORRE L, et al., 2015. Cliamte change and glacier retreat driver shifts in an Antarctic benthic ecosystem[J]. Science Advances, 1: e1500050.

SCAMBOS T A, CAMPBELL G G, POPE A, et al., 2018. Ultralow surface temperatures in East Antarctica from satellite thermal infrared mapping: the coldest places on earth[J]. Geophysical Research Letters, 45: 6124–6133.

SCHAFFER J, TIMMERMANN R, ARNDT J E, et al., 2016. A global, high-resolution data set of ice sheet topography, cavity geometry, and ocean bathymetry[J]. Earth System Science Data, 8: 543–557.

SCHIERMEIER Q, 2013. Claims of Lake Vostok fish get frosty response[J]. Nature, doi:10.1038/nature.2013.13364.

SCHIERMEIER Q, 2019. Antarctic project to drill for oldest-ever ice core[J]. Nature, 567: 442–443.

SCHMIDTKO S, HEYWOOD K, THOMPSON A, et al., 2014. Multidecadal warming of Antarctic waters[J]. Science, 346: 1227–1231.

SHAO A E, GILLE S T, MECKING S, et al., 2015. Properties of the subantarctic front and polar front from the skewness of sea level anomaly[J]. Journal of Geophysical Research, 120: 5179–5193.

SHEPHERD A, FRICKER H A, FARRELL S L, 2018. Trends and connections across the Antarctic cryosphere[J].

Nature, 558: 223–232.

SHTAKMAN Y M, KOÇER Z A, EDGAR R, et al., 2013. Subglacial Lake Vostok (Antarctica) accretion ice contains a diverse set of sequences from aquatic, marine and sediment-inhabiting bacteria and eukarya[J]. PloS ONE, 8: e67221.

SIEGERT M J, ELLIS-EVANS C, TRANTER M, et al., 2001. Physical, chemical and biological processes in Lake Vostok and other Antarctic subglacial lakes[J]. Nature, 414: 603–609.

SIEGERT M J, ROSS N, LE BROCQ A M, 2016. Recent advances in understanding Antarctic subglacial lakes and hydrology[J]. Philosophical Transactions of the Royal Society A, 374(2059): 20140306.

SIEGFRIED M R, FRICKER H A, 2018. Thirteen years of subglacial lake activity in Antarctica from multi-mission satellite altimetry[J]. Annals of Glaciology, 59: 42–55.

SILVANO A, RINTOUL S R, PEÑA-MOLINO B, et al., 2018. Freshening by glacial meltwater enhances melting of ice shelves and reduces formation of Antarctic Bottom Water[J]. Science Advances, 4(4): eaap9467.

SIMPKINS G, 2023. Record low Antarctic sea ice extent[J]. Nature Reviews Earth and Environment, 4(296): https://doi.org/10.1038/s43017-023-00433-w.

SMETACEK V, KLASS C, STRASS V H, et al., 2012. Deep carbon export from a Sothern Ocean iron-fertilized diatom bloom[J]. Nature, 487: 313–319.

SMITH B, FRICKER H A, GARDNER A S, et al., 2020. Pervasive ice sheet mass loss relects competing ocean and atmosphere processes[J]. Science, 368(6496): 1239–1242.

SMITH B E, HELEN A F, IAN R J, et al., 2009. An inventory of active subglacial lakes in Antarctica detected by ICESat (2003–2008)[J]. Journal of Glaciology, 55: 573–595.

SMITH R, DESFLOTS M, WHITE S, et al., 2013. The Antarctic Circumpolar Current[R]. Rosenstiel School of Marine & Atmospheric Science.

SPREEN G, et al., 2008. Sea ice remote sensing using AMSR-E 89-GHz channels[J]. Journal of Geophysical Research, 113, C02S03, doi: 10.1029/2005JC003384.

STARK J S, KIM S L, OLIVER J S, 2014. Anthropogenic disturbance and biodiversity of marine benthic communities in Antarctica: A regional comparison[J]. PloS One, 9(6): e98802.

STEIG E J, SCHNEIDER D P, RUTHERFORD S D, et al., 2009. Warming of the Antarctic ice-sheet surface since the 1957 International Geophysical Year[J]. Nature, 457: 459–462.

ST. JOHN B, 1986. Antarctica-Geology and Hydrocarbon Potential[J]//Halbouty M T et al. Future petroleum problem provinees of the world. American Association of Petroleum Geologists, 40: 55–100.

STOKSTAD E, 2019. Flotilla launches large survey of Antarctic krill[J]. Science, 363(6424): 217.

STUECKER M F, BITZ C M, ARMOUR K C. 2017. Conditions leading to the unprecedented low Antarctic sea ice extent during the 2016 austral spring season[J]. Geophysical Research Letters, 44: 9008–9019.

SUN B, SIRGERT M J, MUDD S M, et al., 2009. The Gamburtsev mountains and the origin and early evolution of the Antarctic Ice Sheet[J]. Nature, 459: 690–693.

TAGLIABUE A, DALLEE J-B, BOWIE A R, et al., 2014. Surface-water iron supplies in the Southern Ocean sustained by deep winter mixing[J]. Nature geoscience, 7: 314–320.

TCHERNIA P, 1981. Observation of the Antarctic East Wind Drift Current by using tabular icebergs tracked by satellite[J]. Antarctic Journal of the United States, 15: 83.

TERAUDS A, LEE J R, 2016. Antarctic biogeography revisited: updating the Antarctic Conservation Biogeographic Regions[J]. Diversity and Distribution, 22: 836–840.

THE IMBIE TEAM, 2018. Mass balance of the Antarctic ice sheet from 1992 to 2017[J]. Nature, 558: 219–222.

THOMAS D N, DIECKMANN G S, 2002. Antarctic sea ice- a habitat for extremophiles[J]. Science, 295(5555): 641–644.

THOMAS E R, VAN WESSEM J M, Roberts J, et al., 2017. Regional Antarctic snow accumulation over the past 1000 years[J]. Climate of the Past, 13: 1491–1513.

THOMAS N, SANDRA P, WILLIAN D, 2006. A genomic fossil reveals key steps in hemoglobin loss by the Antarctic icefishes[J]. Molecular Biology and Evolution, 23: 2008–2016.

TURNER J, ANDERSON P, LACHLAN-COPE T, et al., 2009. Record low surface air temperature at Vostok station, Antarctica[J]. Journal of Geophysical Research, 114: D24102.
TRATHAN P N, CROXALL J P, MURPHUY E J, 1996. Dynamics of Antarctic penguin populations in ration to inter-annual variability in sea ice distribution[J]. Polar Biology, 16: 321–330.
TRATHAN P N, WIENECKE B, BARBRAUD C, et al., 2020. The emperor penguin-Vulnerable to projected rates of warming and sea ice loss[J]. Biological Conservation, 241: 108216.
TURNER J, COLWELL S R, MARSHALL G J, et al., 2005. Antarctic climate change during the last 50 years[J]. International Journal of Climatology, 25: 279–294.
TURNER J, COMISO J, 2017. Solve Antarcitca's sea-ice puzzle[J]. Nature, 547: 275–277.
TURNER J, LU H, WHITE I, et al., 2016. Absence of 21st century warming on Antarctic Peninsula consistent with natural variability[J]. Nature, 535: 411–415.
US CONGRESS, OFFICE OF TECHNOLOGY ASSESSMENT, 1989. Polar Prospects: a Minerals Treaty for Antarctica[M]. Washington D C: U S Government Printing Office: 219.
VAN WYK DE VRIES M, BINGHAM R G, HEIN A S, 2017. A new volcanic province: an inventory of subglacial volcanoes in West Antarctica[J]. Geological Society London Special Publications, 461CD:SP461.7.
VELASCO-CASTRILLÓN A, GIBSON J E, STEVENS M, 2014. A review of current Antarctic limno-terrestrial microfauna[J]. Polar Biology, 37: 1517–1531.
VICK-MAJORS T J, ACHBERGER A, SANTIBÁÑEZ P, et al., 2016. Biogeochemistry and microbial diversity in the marine cavity beneath the McMurdo Ice Shelf, Antarctica[J]. Limnology and Oceanograph, 61: 572–586.
WESSEM J M, BERG W J, NOËL B, et al., 2018. Modelling the climate and surface mass balance of polar ice sheets using RACMO2, part 2: Antarctica (1979–2016)[J]. Cryosphere, 12:1479–1498.
WINTER K, ROSS N, FERRACCIOLI F, et al., 2018. Topographic steering of enhanced ice flow at the bottleneck between East and West Antarctica[J]. Geophysical Research Letters, 45 (10): 4899–4907.
WITZE A, 2019. Chinese crew extract first rock from beneath East Antarctic ice in 60 years[J]. Nature, 567: 13–14.
WORBY A P, GEIGER C A, PAGET M J, et al., 2008. Thickness distribution of Antarctic sea ice[J]. Journal of Geophysical Research, 113: C05S92.
WRIGHT N A, WILLIAMS P L, 1974. Mineral resources of Antarctica[J]. Geological Survey Circular, 705, 29.
XUE L, CAI W J, TAKAHASHI T, 2018. Climate modulation of surface acidification rates through summertime wind forcing in the Southern Ocean[J]. Nature communications, 9: doi: 10.1038/s41467-018-05443-7.
YANG G, ATKINSON A, HILL S L, et al., 2020. Changing circumpolar distribution and isoscapes of Antarctic Krill: Indo-Pacific habitat refuges counter long-term degradation of the Atlantic sector[J]. Limnology and Oceanography, https://doi.org/10.1002/lno.11603.
YAN S, BLANKENSHIP DD, GREENBAUM JS, et al., 2022. A newly discovered subglacial lake in East Antarctica likely hosts a valuable sedimentary record of ice and climate[J]. Geology, 50(8): 949-953.
YATES P, ZIEGLER P, WELSFORD D, et al., 2019. Distribution of Anarctic toothfish *Dissostichus Mawsoni* along East Antarctica: Environmental drivers and management implications[J]. Fisheries Research, 219: 105338.
ZHANG L, DELWORTH T L, YANG X, et al., 2022. The relative role of the subsurface Southern Ocean in driving negative Antarctic Sea ice extent anomalies in 2016–2021[J]. Communications Earth and Environment, 3(302): https://doi.org/10.1038/s43247-022-00
ZWALLY H J, LI J, ROBBINS J W, et al., 2015. Mass gains of the Antarctic ice sheet exceed losses[J]. Journal of Glaciology, 61(230): 1019–1036.

附录 1　英文缩略词

缩略词	英文全称	中文名
AAIW	Antarctic Intermediate Water	南极中层水
AC	Antarctic Convergence	南极辐合带
ACBRs	Antarctic Conservation Biogeographic Regions	南极养护生物地理区
ACC	Antarctic Circumpolar Current	南极绕极流
ALCI	Antarctic Logistics Center International	国际南极后勤中心
ALE	Antarctic Logistics & Expeditions	南极后勤与探险（公司）
APIS	Antarctic Peninsula Ice Sheet	南极半岛冰盖
ASF	Antarctica Slop Front	南极陆坡锋
ASMA	Antarctic Specially Managed Area	南极特别管理区
ASPA	Antarctic Specially Protected Areas	南极特别保护区
ATCM	Antarctic Treaty Consultative Meeting	南极条约协商会议
AUV	Autonomous Underwater Vehicle	自主式水下航行器
AZ	Antarctic Zone	南极区
BAS	British Antarctic Survey	英国南极局
BBO	Billion Barrels of Recoverable Oil	十亿桶可采原油
BBOE	Billion Barrels of Oil Equivalent	十亿桶原油当量
CAMLR	Conservation of Antarctic Marine Living Resource	南极海洋生物资源养护
CCAMLR	Commission for the Conservation of Antarctic Marine Living Resource	南极海洋生物资源养护委员会
CDW	Circumpolar Deep Water	绕极深层水
CEMP	CCAMLR Ecosystem Monitoring Program	CCAMLR 生态系统监测计划
COMNAP	Council of Managers of National Antarctic Programs	国家南极局局长理事会
CRAMRA	the Convention on the Regulation of Antarctic Mineral Resources Activities	《南极矿产资源活动管理公约》
DNA	Deoxyribonucleic Acid	脱氧核糖核酸
EAIS	East Antarctic Ice Sheet	东南极冰盖
EC	European Commission	欧洲委员会
EMM	Ecosystem Monitoring and Management	生态系统监测与管理
EPICA	European Project for Ice Coring in Antarctica	欧洲南极深钻计划
GIS	Geographic Information System	地理信息系统
HNLC	High Nutrient Low Chlorophyll	高营养盐低叶绿素
HSMs	Historical Sites and Monuments	历史遗迹和纪念区
IAATO	International Association of Antarctica Tour Operators	国际南极旅游业者协会
IBCSO	International Bathymetric Chart of the Southern Ocean	国际南大洋地形图项目
IHO	International Hydrographic Organization	国际水文组织
IOC	Intergovernmental Oceanographic Commission	政府间海洋学委员会
IPCC	the Intergovernmental Panel on Climate Change	联合国政府间气候变化专门委员会

续表

缩略词	英文全称	中文名
IUCN	International Union for Conservation of Nature	世界自然保护联盟
IUU	Illegal, Unreported and Unregulated	非法、未报告和不受管制的（渔业活动）
IWC	International Whaling Commission	国际捕鲸委员会
JPL	Jet Propulsion Laboratory	喷气推进实验室（美国 NASS）
LTER	Long–Term Ecological Research	长期生态学研究
MPA	Marine Protected Area	海洋保护区
NADW	North Atlantic Deep Water	北大西洋深层水
NASA	National Aeronautics and Space Administration	国家航空航天局（美国）
NSF	National Science Foundation	国家科学基金会（美国）
NSIDC	National Snow and Ice Data Center	国家雪冰数据中心（美国）
PF	Polar Front	极地锋 / 极锋
PFZ	Polar Frontal Zone	极锋区
RCP	Representative Concentration Pathway	典型浓度路径
SACCF	Southern Antarctic Circumpolar Current Front	南极绕极流南部锋
SAF	Sub-Antarctic Front	亚南极锋
SATCM	Special Antarctic Treaty Consultative Meeting	南极条约特别协商会议
SAZ	Subantarctic Zone	亚南极区
SB	Southern Border	南边界
SCAR	The Scientific Committee on Antarctic Research	南极研究科学委员会
SCAR-MarBIN	SCAR-Marine Biodiversity Information Network	南极研究科学委员会海洋生物多样性信息网
SC-CAMLR	Scientific Committee- Conservation of Antarctic Marine Living Resource	南极海洋生物资源养护科学委员会
SG-ASAM	Subgroup on Acoustic Survey and Analysis Methods	声学调查与分析方法工作小组
SOWS	Southern Ocean Whale Sanctuary	南大洋鲸类保护区
STF	Sub-Tropical Front	亚热带锋
TCFG	Trillion Cubic Feet of Gas	万亿立方英尺天然气
TOC	Total Organic Carbon	总有机碳
UNESCO	United Nations Educational, Scientific and Cultural Organization	联合国教科文组织
USAP	United States Antarctic Program	美国南极项目
WAIS	West Antarctic Ice Sheet	西南极冰盖
WARS	West Antarctic Rift System	西南极裂谷系统
WG-FSA	Working Group on Fish Stock Assessment	渔业储量评估工作组
WG-IMAF	Working Group on Incidental Mortality Arising from Fishing	渔业导致意外死亡工作组
WG-SAM	Working Group on Statistics, Assessments and Modelling	统计评估与建模工作组

附录 2 南极和亚南极主要地名中英文对照

英文名	中文名
Abbott Ice Shelf	阿博特冰架
Adare Cape	阿代尔角
Adelaide Island	阿德莱德岛（东端为别林斯高晋海东界）
Adélie Terre	阿黛利地
Alexander Island	亚历山大岛
Amanda Bay	阿曼达湾
Amundsen Bay	阿蒙森湾
Amundsen Sea	阿蒙森海
Antarctic Peninsula	南极半岛
Antarctic-Indian Ridge	南极－印度洋海脊
Amery Ice Shelf	埃默里冰架
Astrid Coast	阿斯特里德海岸
Astrolabe Subglacial Basin	星盘号冰下盆地
Atka Bay	阿特卡湾
Aurora Subglacial Basin	极光号冰下盆地
Balleny Islands	巴勒尼群岛
Barrier Bay	巴里尔湾
Bear Peninsula	熊号半岛
Beaufort Island	蒲福岛
Bellingshausen Plain	别林斯高晋深海平原
Bellingshausen Sea	别林斯高晋海
Bentley Subglacial Trench	本特利冰下海沟
Berkner Island	伯克纳岛
Bouvet Island	布韦岛
Bowman Island	鲍曼岛
Bransfield Strait	布兰斯菲尔德海峡
Brownson Islands	布朗森群岛
Bryan Coast	布赖恩海岸
Burton Ice Shelf	伯顿冰架
Byrd Subglacial Basin	伯德冰下盆地
Clarence Island	克拉伦斯岛（南设得兰群岛最东端的岛屿）

英文名	中文名
Coats Land	科茨地
Colbeck Cape	科尔贝克角
Conrad Rise	康拉德海隆
Coulman Island	库尔曼岛
Cooperation Sea	合作海
Cosmonaut Sea	宇航员海
Coulman Island	库尔曼岛
Crozier Cape	克罗泽角
Crozier Islands*	克罗泽群岛（法国）
Darnley Cape	达恩利角
Dart Cape	达特角（阿蒙森海西界）
Davis Bay	戴维斯湾
Davis Sea	戴维斯海
Dawson-Lambton Glacier	道森－兰顿冰川
Dibble Glacier	迪布尔冰川
Dolleman Island	多尔曼岛
Dome Argus	冰穹 A
Dome Fuji	冰穹 F
Dome Circe/ Dome Charlie	冰穹 C
Don Juan Pond	唐胡安池
Drake Passage	德雷克海峡
Dufek Massif	杜费克山地
Dumont d'Urville Sea	迪蒙·迪维尔海
Edward Ⅶ Land	爱德华七世地
Ellsworth Land	埃尔斯沃思地
Ellsworth Mountains	埃尔斯沃思山脉
Ellsworth Subglacial Highland	埃尔斯沃思冰下高地
Ellsworth Subglacial Lake	埃尔斯沃思冰下湖
Enderby Land	恩德比地
Enderby Plain	恩德比深海平原
Franklin Island	富兰克林岛

续表

英文名	中文名
Fimbul Ice Shelf	芬布尔冰架
Flying Fish Cape	飞鱼号角（阿蒙森海和别林斯高晋海分界点）
Fold Island	福尔德岛
Foundation Trough	国家科学基金海槽
Gamburtsev Subglacial Mountains	甘布尔采夫冰下山脉
George Ⅴ Land	乔治五世地
George Ⅵ Ice Shelf	乔治六世冰架
Gould Island	古尔德岛
Getz Ice Shelf	盖茨冰架
Graham Land	格雷厄姆地
Haakon Ⅶ Sea	哈康七世海（20°W—45°E）
Halley Bay	哈雷湾（哈雷彗星的哈雷）
Haswell Island	哈斯韦尔岛
Heard Island*	赫德岛（澳大利亚）
Joinville Island	茹安维尔岛
Kemp Land	肯普地
Kerguélen Islands*	凯尔盖朗群岛（法国）
Kerguélen Plateau	凯尔盖朗海台
King George Island	乔治王岛
Kloa Point	克洛角
Lambert Rift	兰伯特裂谷
Larsemann Hills	拉斯曼丘陵
Larsen Ice Shelf	拉森冰架
Lazarev Ice Shelf	拉扎列夫冰架
Lazarev Sea	拉扎列夫海
Ledda Bay	莱达湾
Longing Cape	朗京角（拉森冰架北界）
Luitpold Land	卢伊特波尔德地
MacDonald Islands*	麦克唐纳群岛（澳大利亚）
Mac. Robertson Land	麦克·罗伯逊地
Marguerite Bay	玛格丽特湾
Marie Byrd Land	玛丽·伯德地

续表

英文名	中文名
Mawson Sea	莫森海
Mercer Subglacial Lake	默瑟冰下湖
Mertz Glacier	默茨冰川
Mount Erebus	埃里伯斯山
Noville Peninsula	诺维尔半岛
Oates Land	奥茨地
Offset Rift Basin	奥夫塞特裂谷盆地
Pacific-Antarctic Ridge	太平洋－南极海脊
Palmer Land	帕默地
Patuxent Trough	帕图克森特海槽
Peter I Island	彼得一世岛
Peterson Bank	彼得森浅滩
Pine Island Glacier	派恩艾兰冰川（松岛冰川）
Poinsett Cape	波因塞特角
Pointe Géologie	地质学角群岛
Prince Charles Mountains	查尔斯王子山脉
Prince Edward Islands*	爱德华王子群岛（南非）
Princess Elizabeth Land	伊丽莎白公主地
Prydz Bay	普里兹湾
Queen Elizabeth Land	伊丽莎白女王地
Queen Mary Land	玛丽王后地
Queen Maud Land	毛德皇后地
Recovery Subglacial Basin	里卡弗里冰下盆地
Recovery Subglacial Highland	里卡弗里冰下高地
Riiser-Larsen Peninsula	里瑟－拉森半岛
Riiser-Larsen Ice Shelf	里瑟－拉森冰架
Riiser-Larsen Sea	里瑟－拉森海
Roget Cape	罗热角
Ronne-Filchner Ice Shelf	龙尼－菲尔希纳冰架
Ross Ice Shelf	罗斯冰架
Ross Island	罗斯岛
Ross Sea	罗斯海

续表

英文名	中文名
Rothschild Island	罗思柴尔德岛
Ruppert Coast	鲁珀特海岸
Sabrina Coast	萨布里纳海岸
Sabrina Subglacial Basin	萨布里纳冰下盆地
Scotia Sea	斯科舍海
Shackleton Ice Shelf	沙克尔顿冰架
Signy Island	西格尼岛（南奥克尼群岛之一岛）
Slessor Glacier	斯莱瑟冰川
Smith Island	史密斯岛（南设得兰群岛最西端岛屿）
Smith Peninsula	史密斯半岛（拉森冰架南界）
Smyley Island	斯迈利岛
Snow Hill Island	斯诺希尔岛
Somov Sea	索莫夫海
South American-Antarctic Ridge	南美洲－南极海脊
South Georgia Island**	南乔治亚岛（英属）
South Indian Basin	南印度洋海盆
South Orkney Islands	南奥克尼群岛
South Sandwich Islands	南桑威奇群岛
South Sandwich Trench	南桑威奇海沟
South Shetland Islands	南设得兰群岛
Southern Thule Island	南图勒岛（南桑威奇群岛最南部岛屿）
Southeast Indian Ridge	东南印度洋海脊
Southwest Indian Ridge	西南印度洋海脊
Stancomb-Wills Glacier	斯坦科姆－威尔斯冰川
Taylor Glacier	泰勒冰川
Thiel Trough	蒂尔海槽
Thurston Glacier	瑟斯顿冰川
Titan dome	土卫六冰穹
Totten Glacier	托滕冰川
Transantarctic Mountains	横贯南极山脉
Udintsev Fracture Zone	乌金采夫断裂带
Umebosi Rock	梅干岩

续表

英文名	中文名
Victoria Land	维多利亚地
Vincennes Subglacial Basin	樊尚冰下盆地
Vinson Massif	文森山地（最高海拔 4 892 m）
Vostok Subglacial Highland	东方号冰下高地
Vostok Subglacial Lake	东方湖（东方冰下湖）
Washington Cape	华盛顿角
Webb Cape	韦布角
Weddell Plain	威德尔深海平原
Weddell Sea	威德尔海
West Ice Shelf	西冰架
Whillans Subglacial Lake	惠兰斯冰下湖
Whitmore Mountains	惠特莫尔山
Wilhelm Ⅱ Land	威廉二世地
Wilkes Land	威尔克斯地
Wilkes Subglacial Basin	威尔克斯冰下盆地
Wilkins Ice Shelf	威尔金斯冰架

*：有主权归属的亚南极岛屿；**：英国海外属地，但阿根廷有主权申索。

附录 3　地名缩略词中英文对照

英文缩略词	英文全文	对应中文
AlSB	Astrolabe Subglacial Basin	星盘号冰下盆地
AP	Antarctic Peninsula	南极半岛
ASB	Aurora Subglacial Basin	极光号冰下盆地
AST	Adventure Subglacial Trench	阿德文彻冰下海沟
BSB	Byrd Subglacial Basin	伯德冰下盆地
BST	Bentley Subglacial Trench	本特利冰下海沟
DML	Dronning Maud Land	毛德皇后地（山脉）
EWM	Ellsworth-Whitmore Mountains	埃尔斯沃思－惠特莫尔山脉
FSB	Frost Subglacial Basin	弗罗斯特冰下盆地
GM	Grove Montains	格罗夫山
GSM	Gamburtsev Subglacial Mountains	甘布尔采夫冰下山脉
KSB	Knox Subglacial Basin	诺克斯冰下盆地
LG	Lambert Graben	兰伯特地堑
LV	Lake of Vostok	东方湖
MBL	Marie Byrd Land	玛丽·伯德地
MQL	Queen Maud Land	毛德皇后地
PCM	Prince Charles Mountains	查尔斯王子山脉
PSH	Polargap Subglacial Highlands	极隙冰下高地
PPB	Pensacola-Pole Basin	彭萨科拉－极地海盆
RG	Recovery Graben	里卡弗里地堑
RCSB	Recovery Subglacial Basin	里卡弗里冰下盆地
RSB	Rose Subglacial Basin	罗斯冰下盆地
RSH	Recovery Subglacial Highland	里卡弗里冰下高地
SPB	South Pole Basin	南极点海盆
SSB	Sabrina Subglacial Basin	萨布里纳冰下盆地
TAH	Terre Adélle Highlands	阿黛利地高地
TAM	Transantarctic Mountains	横贯南极山脉
TT	Tier Trench	蒂尔海沟
VSB	Vincennes Subglacial Basin	樊尚冰下盆地
VSH	Vostok Subglacial Highland	东方号冰下高地
WSB	Wilkes Subglacial Basin	威尔克斯冰下盆地

附录 4　南极生物物种中文、英文和拉丁文名称对照

英文	中文	拉丁文
Adélie Penguin	阿德利企鹅	*Pygoscelis adeliae*
Antarctic hair grass	南极发草	*Deschampsia antarctica*
Antarctic krill	南极大磷虾	*Euphausia superba*
Antarctic pearlwort	南极漆姑草	*Colobanthus quitensis*
Antarctic silverfish	侧纹南极鱼（南极银鱼）	*Pleuragramma antarcticum*
Antarctic toothfish	鳞头犬牙南极鱼	*Dissostichus mawsoni*
Annual meadow grass	早熟禾	*Poa annua*
Antarctic minke whale	南极小须鲸	*Balaenoptera bonaerensis*
Antarctic blue whale	南蓝鲸	*Balaenoptera musculus intermedia*
Emperor Penguin	帝企鹅	*Aptenodytes forsteri*
Fin whales	长须鲸	*Balaenoptera physalus*
Humpback whales	弓背鲸	*Megaptera novaeangliae*
Killer whales	虎鲸	*Orcinus orca*
Long finned pilot whale	长鳍领航鲸	*Globicephala melas edwardii*
Mackerel icefish	裘氏鳄头冰鱼	*Champsocephalus gunnari*
Patagonian toothfish	小鳞犬牙南极鱼	*Dissostichus eleginoides*
pygmy blue whale	小蓝鲸（侏儒蓝鲸）	*Balaenoptera musculus brevicauda*
Sei whale	鳁鲸 / 大须鲸	*Balaenoptera borealis*
Southern right whale	南露脊鲸	*Eubalaena australis*
Sperm whale	抹香鲸	*Physeter macrocephalus*
Minke whale	小鳁鲸 / 小须鲸	*Balaenoptera acutorostata*